2023中国乳用种公牛遗传评估概要

Sire Summaries on National Dairy Genetic Evaluation 2023

农业农村部种业管理司
全 国 畜 牧 总 站

中国农业出版社
北 京

编 委 会

编 写 人 员

主　编　张桂香　王　杕　王雅春　李　姣

副主编　厉建萌　邱小田　陈绍祜　张　毅　段忠意

编　者　王雅春　刘丑生　厉建萌　陈绍祜　张　毅

张桂香　王　杕　李　姣　闫青霞　孙东晓

赵凤茹　李广栋　邱小田　段忠意　李秋立

王金鹏　赵　华

前　言

实施奶牛群体遗传改良计划对提升牛群遗传水平，改善奶牛健康状况，提高牛群产奶性能，促进奶业可持续发展具有重大意义。乳用种公牛遗传评估是奶牛群体遗传改良计划的重要内容，是合理选择使用优秀种公牛的依据，种公牛遗传品质直接关系到奶牛群遗传改良的效果。奶业发达国家的经验表明，种公牛对奶牛群体遗传改良的贡献率超过75%。经过多年努力，以奶牛生产性能测定、体型鉴定、品种登记、公牛后裔测定、种牛遗传评定等为主要内容，建立了中国乳用种公牛遗传评估体系，为客观评价乳用种公牛遗传品质提供了保障。

《2023中国乳用种公牛遗传评估概要》（以下简称《概要》）公布了全国20个种公牛站的1395头种公牛遗传评估结果，其中包括12个种公牛站的297头中国荷斯坦牛验证种公牛常规遗传评估结果，17个种公牛站的1056头中国荷斯坦牛青年种公牛基因组检测遗传评估结果，以及6个种公牛站42头娟姗牛的体型评定结果。此次评估发布的结果中保留了产奶量、乳脂率和乳蛋白率3个性状，同时发布了CPI及9个不同性状的估计育种值，便于育种者和生产者根据不同的选种目标进行选择。为便于查阅使用，《概要》还分别对9个不同性状估计育种值排名前50名的种公牛进行了重点推介。

此次评估中，生产性能数据来自3216个奶牛场217.4万头荷斯坦牛2133.4万条数据；体型数据来自1416个奶牛场37.0万头牛。借鉴国际奶牛育种体系的经验，按照《中国荷斯坦牛公牛后裔测定技术规程》规定，测验公牛需要有足够多的女儿数，且应分布在至少5个省份的20个牛场中，每省份至少3个场。鉴于我国奶牛育种历史短，能完全满足上述女儿数和女儿分布的公牛尚少，因而设置了过渡性公牛后裔成绩筛选条件，要求验证公牛女儿应具有合格的头胎产奶性能记录，女儿分布在3个或3个以上省份、且分布总群体数大于等于15个。本次公布的验证公牛牛只要求在群或其冻精依然在售、在用。

农业农村部种业管理司
全国畜牧总站
2023年8月

目　录

1

乳用种公牛遗传评估说明

1.1 遗传评估方法

1.1.1 常规后裔测定遗传评估

在常规遗传评估中，因性状的不同而采取不同模型的评估方法。

（1）对于生产性状和体细胞评分性状 采用多性状随机回归测定日模型（Test-day Model），子模型为 Legendre 多项式拟合回归曲线（Jamrozik 等，2002）。模型如下：

$$\boldsymbol{y} = \boldsymbol{Xb} + \sum_{m=0}^{4} \boldsymbol{a}_m \boldsymbol{Z}_m + \boldsymbol{Wp} + \boldsymbol{e}$$

式中：$\boldsymbol{y}$——测定日各性状的观测值向量；

$\boldsymbol{b}$——场年季及测定日等未知固定效应向量；

$\boldsymbol{a}_m$——遗传效应的随机回归系数向量；

$\boldsymbol{p}$——永久环境效应系数向量；

$\boldsymbol{e}$——随机残差效应向量；

$\boldsymbol{X}$、$\boldsymbol{Z}_m$、$\boldsymbol{W}$——分别为相应效应的关联矩阵。

模型中随机效应的期望和方差为：

$$E\begin{bmatrix}\boldsymbol{a}\\ \boldsymbol{p}\\ \boldsymbol{e}\end{bmatrix}=\begin{bmatrix}\boldsymbol{0}\\ \boldsymbol{0}\\ \boldsymbol{0}\end{bmatrix} \qquad V\begin{bmatrix}\boldsymbol{a}\\ \boldsymbol{p}\\ \boldsymbol{e}\end{bmatrix}=\begin{pmatrix}\boldsymbol{G}\otimes\boldsymbol{A} & \boldsymbol{0} & \boldsymbol{0}\\ \boldsymbol{0} & \boldsymbol{I}\sigma_p^2 & \boldsymbol{0}\\ \boldsymbol{0} & \boldsymbol{0} & \boldsymbol{R}\end{pmatrix}$$

式中：E——期望；

V——方差；

$\boldsymbol{R}$——随机残差的方差协方差矩阵；

$\boldsymbol{G}$——随机回归系数的遗传方差协方差矩阵，假设对所有动物个体都相同；

$\boldsymbol{A}$——动物个体间分子血缘相关系数矩阵。

（2）对于体型性状 采用多性状个体动物模型 BLUP 方法。模型如下：

$$\boldsymbol{y} = \boldsymbol{Xb} + \boldsymbol{Za} + \boldsymbol{e}$$

式中：$\boldsymbol{y}$——体型各性状的观测值向量；

$\boldsymbol{b}$——场年季等固定效应向量；

$\boldsymbol{a}$——个体育种值随机向量；

$\boldsymbol{e}$——随机残差效应向量；

$\boldsymbol{X}$、$\boldsymbol{Z}$——相应的关联矩阵。

据此建立的混合模型方程组（MME）如下：

$$\begin{bmatrix}\boldsymbol{X'X} & \boldsymbol{X'Z}\\ \boldsymbol{Z'X} & \boldsymbol{Z'Z}+k\boldsymbol{A}^{-1}\end{bmatrix}\begin{bmatrix}\hat{\boldsymbol{b}}\\ \hat{\boldsymbol{a}}\end{bmatrix}=\begin{bmatrix}\boldsymbol{X'y}\\ \boldsymbol{Z'y}\end{bmatrix} \quad 这里：k=\frac{\sigma_e^2}{\sigma_a^2}=\frac{1-h^2}{h^2}$$

式中：h^2——遗传力，体型总分、泌乳系统评分和肢蹄评分的 h^2 分别为 0.2149、0.1837 和 0.0928。

1.1.2 基因组检测遗传评估

20 世纪 80 年代以来，分子生物学和 DNA 分子标记技术不断发展，以及影响家畜重要性状的大量基因或标记被陆续发现，标记辅助选择（MAS）成为可能。2001 年，Meuwissen 等人提出了基因组选择（GS）方法。基因组选择是 MAS 的一种扩展形式。Schaeffer（2006）的研究结果显示，实施基因组选择可以节省约奶牛 92% 的育种成本，并显著提高遗传进展。中国荷斯坦牛基因组选择技术在 2012 年开始实际应用，利用中国农业大学构建的中国荷斯坦牛基因组选择参考群体，对经过基因组检测的青年公牛利用 SNPs 标记数据信息和 GBLUP 方法进行育种值估计。计算模型与传统的 BLUP 模型类似，不同之处在于用基因组相关矩阵（**G** 阵）替代个体亲缘关系矩阵（**A** 阵），混合模型方程组为：

$$\begin{bmatrix} \boldsymbol{X'R^{-1}X} & \boldsymbol{X'R^{-1}Z} \\ \boldsymbol{Z'R^{-1}X} & \boldsymbol{Z'R^{-1}Z+G^{-1}} \end{bmatrix} \begin{bmatrix} \hat{\boldsymbol{b}} \\ \hat{\boldsymbol{a}} \end{bmatrix} = \begin{bmatrix} \boldsymbol{X'R^{-1}y} \\ \boldsymbol{Z'R^{-1}y} \end{bmatrix}$$

式中：**G**——个体基因组相关矩阵，反映个体间在基因组中共享同一基因的比例。

1.2 中国奶牛性能指数

中国奶牛性能指数（China Performance Index，CPI）是评价种公牛综合遗传性能的选择指数，利用公牛女儿的生产性能和体型测定数据，根据测定日模型和 BLUP 方法估计出公牛各性状育种值，分别进行标准化后按照相对育种重要性加权合并，计算得到中国奶牛性能指数。2020 年根据国际惯例和我国实际需要，对原来 2012 年版的 CPI 指数公式进行了修订。

CPI 指数适用于既有女儿产奶性状、体细胞评分，又有体型线性鉴定结果的国内后裔测定验证公牛。产奶性状包括乳脂量、乳蛋白量；体型性状包括体型总分、泌乳系统评分和肢蹄评分。2020 年版的 CPI 指数计算公式如下：

$$CPI_{2020} = 4 \times \begin{bmatrix} 25 \times \frac{Fat}{24.6} + 35 \times \frac{Prot}{20.7} - 10 \times \frac{SCS-3}{0.16} \\ +8 \times \frac{Type}{5} + 14 \times \frac{MS}{5} + 8 \times \frac{FL}{5} \end{bmatrix} + 1800$$

式中：*Fat*、*Prot*、*SCS*、*Type*、*MS*、*FL* 分别是乳脂量、乳蛋白量、体细胞评分、体型总分、泌乳系统评分、肢蹄评分性状的估计育种值，分母是相应性状国内估计育种值标准差。

1.3 中国奶牛基因组选择性能指数

利用中国农业大学构建的中国荷斯坦牛基因组选择参考群体，结合青年公牛基因组检测的 SNP 基因型信息，用 GBLUP 方法估计公牛的各性状基因组直接育种值（DGV），并与其系谱育种值进行标准化后加权合并，计算得到中国奶牛基因组选择性能指数（Genomic China Performance Index，GCPI）。

2020 版的 GCPI 指数计算公式如下：

$$GCPI_{2020} = 4 \times \begin{bmatrix} 25 \times \frac{GEBV_{Fat}}{22.0} + 35 \times \frac{GEBV_{Prot}}{17.0} - 10 \times \frac{GEBV_{SCS}-3}{0.46} \\ +8 \times \frac{GEBV_{Type}}{5} + 14 \times \frac{GEBV_{MS}}{5} + 8 \times \frac{GEBV_{FL}}{5} \end{bmatrix} + 1800$$

式中：$GEBV_{Fat}$、$GEBV_{Prot}$、$GEBV_{SCS}$、$GEBV_{Type}$、$GEBV_{MS}$、$GEBV_{FL}$分别是乳脂量、乳蛋白量、体细胞评分、体型总分、泌乳系统评分、肢蹄评分性状的合并基因组估计育种值，分母是相应性状估计育种值标准差。

1.4 各性状估计育种值的标准差

各性状估计育种值标准差见表 1－1。

表 1－1 各性状估计育种值标准差

性状	各性状符号	国外验证公牛标准差	国内验证公牛标准差	基因组育种值标准差
产奶量（kg）	Milk	800	459	800
乳脂率（%）	F	0.30	0.16	0.30
乳蛋白率（%）	P	0.12	0.08	0.12
乳脂量（kg）	Fat	22.0	24.6	22.0
乳蛋白量（kg）	Prot	17.0	20.7	17.0
体型总分	Type	5	5	5
泌乳系统	MS	5	5	5
肢蹄评分	FL	5	5	5
体细胞评分	SCS	0.46	0.16	0.46

1.5 数据来源

公牛系谱由公牛站提供。计算 GCPI 的公牛父亲和外祖父各项育种值均采用国际公牛组织 2023 年 4 月发布的数据，由加拿大奶业数据网（www.cdn.ca）查询。

1.6 数据检索方式

国内种公牛遗传评估结果可到中国畜牧兽医信息网（www.nahs.org.cn）查询，也可以到中国奶牛数据中心网站（www.holstein.org.cn）查询。

1.7 其他说明

（1）为进一步提高种公牛遗传评定的规范性，鼓励开展完整规范的公牛后裔测定，仅公布符合过渡性条件的公牛遗传评估结果。其他公牛的单性状估计育种值和可靠性可利用 1.6 中数据检索方式查阅，不再计算和公布其综合育种值。

（2）娟姗牛公牛因生产性能记录不完整、数据量小，暂不进行遗传评估。

（3）文中，EBV 为估计育种值（Estimated Breeding Value），r^2 为估计育种值的可靠性（Reliability）。

2

荷斯坦牛估计育种值

2.1 验证公牛单性状估计育种值前 50 名

表2－1－1 至表2－1－9 为9 个不同性状估计育种值排名前50 名（头）的验证公牛。按照表中展示数值有效位，单个性状估计育种值相同的种公牛共享一个排名，依次按照估计育种值实际数值、CPI 由高到低、出生年份由近及远前后排序展示。每头种公牛的其他性状估计育种值可根据表2－3－1 查询。

表 2－1－1 产奶量估计育种值前 50 名

排名	牛号	产奶量（kg）	女儿分布省数	女儿分布场数	r^2(%)	*CPI*
1	65107036	1727	4	42	98	2901
2	11116687	1659	5	38	97	2331
3	65107017	1599	6	44	98	2956
4	65107038	1549	6	31	98	2908
	41115864	1549	5	35	97	2437
6	31115408	1511	8	20	98	2175
7	12113290	1445	5	30	92	2420
8	37314045	1431	3	23	83	2270
9	11112628	1406	12	66	98	2273
10	65106035	1284	8	44	97	2543
11	11115639	1168	4	45	98	2200
12	65107016	1141	10	44	98	2698
	11116675	1141	8	35	98	2414
14	11114622	1113	11	65	99	2377
15	37308051	1103	8	40	97	2087
16	41109864	1086	3	37	90	2998
17	37316040	1070	8	20	92	1937
18	11111611	1023	3	40	98	2205
19	11111607	1009	8	90	98	2106
20	11113667	996	4	27	86	2689
21	11116667	986	6	24	97	2125
22	12112285	961	3	27	92	2057
23	31115199	956	8	25	98	2136
24	37310036	952	10	105	99	1979

（续）

排名	牛号	产奶量（kg）	女儿分布省数	女儿分布场数	r^2（%）	*CPI*
25	31116164	939	10	29	96	2194
26	11112622	932	4	53	96	1948
27	37316006	921	6	23	97	2019
28	37314047	915	5	32	93	1945
29	37109995	913	3	59	96	2188
30	12105226	890	3	46	97	2300
31	12113301	886	4	24	90	2088
32	11114601	876	11	69	98	2270
33	11116697	868	6	25	98	2201
34	11111512	836	6	70	98	1896
35	41113894	795	4	33	97	2021
36	11113567	784	4	22	88	2447
37	53109295	783	4	37	96	2567
38	37310016	775	7	67	98	1945
39	37314037	773	10	36	98	2146
40	11114610	763	13	85	98	2274
41	11112629	750	5	42	96	2206
42	65108023	747	7	46	96	2643
43	31113669	738	8	26	92	1948
44	12111278	736	6	70	97	1828
45	37312038	729	11	46	99	2060
46	31114686	721	9	20	98	2051
47	12111271	715	6	43	95	2201
48	11114602	702	16	126	99	2301
	37310040	702	6	71	96	2205
50	37310032	698	4	38	95	1990

表 2-1-2 乳脂率估计育种值前 50 名

排名	牛号	乳脂率（%）	女儿分布省数	女儿分布场数	r^2(%)	*CPI*
1	12105226	0.29	3	46	97	2300
2	31114684	0.27	10	22	91	2331
3	11114635	0.25	4	27	89	1772
4	11114612	0.24	6	43	97	1956
5	14114061	0.22	5	19	89	1816
6	12103172	0.19	5	51	98	2433
	37314048	0.19	5	31	98	2080
	11114603	0.19	7	38	94	2042
	37311025	0.19	5	33	93	1782
10	11114610	0.18	13	85	98	2274
	11114672	0.18	7	38	98	1996
	31106500	0.18	13	135	99	1875
	13313080	0.18	7	39	98	1811
14	65107036	0.17	4	42	98	2901
	11114622	0.17	11	65	99	2377
	11112636	0.17	5	41	97	2225
	11113655	0.17	7	32	94	2205
18	65106035	0.16	8	44	97	2543
	11115615	0.16	7	44	98	2193
	11109012	0.16	13	108	99	1771
	31116159	0.16	7	18	94	1598
22	11115633	0.15	8	35	99	1935
	11110724	0.15	3	41	97	1662
24	12113290	0.14	5	30	92	2420
	12108248	0.14	4	48	95	2313
	12113307	0.14	5	46	95	2080
	31115400	0.14	13	34	98	1947
	11111505	0.14	8	93	99	1367

（续）

排名	牛号	乳脂率（%）	女儿分布省数	女儿分布场数	r^2(%)	*CPI*
29	65107017	0. 13	6	44	98	2956
	12108244	0. 13	5	56	96	2781
	12113309	0. 13	6	38	93	2071
	37313035	0. 13	8	34	98	1917
	13203679	0. 13	12	81	98	1731
34	12104189	0. 12	4	44	98	2284
	12105214	0. 12	6	45	98	2183
	13205940	0. 12	10	64	99	2163
	12108240	0. 12	7	56	98	2100
	31113663	0. 12	11	37	95	1689
39	11109693	0. 11	16	156	99	2042
	31110562	0. 11	11	40	97	1808
	37310027	0. 11	10	107	98	1689
	11109703	0. 11	8	73	99	1530
43	12109265	0. 1	3	26	97	2722
	41115864	0. 1	5	35	97	2437
	11116675	0. 1	8	35	98	2414
	12104181	0. 1	8	63	99	2182
	37308035	0. 1	8	58	98	1950
	13203330	0. 1	13	92	99	1778
49	41109864	0. 09	3	37	90	2998
	31113676	0. 09	6	30	91	2103

表 2-1-3 乳蛋白率估计育种值前 50 名

排名	牛号	乳蛋白率（%）	女儿分布省数	女儿分布场数	r^2(%)	*CPI*
1	37314048	0.2	5	31	98	2080
2	37311025	0.14	5	33	93	1782
3	11113673	0.13	5	19	87	2032
4	31114684	0.11	10	22	91	2331
	53214195	0.11	5	21	93	1571
6	11109567	0.1	12	124	99	1705
	11104296	0.1	7	41	97	1588
8	31106500	0.09	13	135	99	1875
	11101906	0.09	22	243	99	1842
	13203832	0.09	10	69	98	1764
11	11113665	0.08	7	34	95	2318
	12105226	0.08	3	46	97	2300
	11102909	0.08	12	99	99	1774
14	12108244	0.07	5	56	96	2781
	11115615	0.07	7	44	98	2193
	13205940	0.07	10	64	99	2163
	31110562	0.07	11	40	97	1808
	11104701	0.07	15	87	99	1660
19	12103172	0.06	5	51	98	2433
	11114602	0.06	16	126	99	2301
	12113286	0.06	3	21	86	2188
	12105214	0.06	6	45	98	2183
	11112537	0.06	4	64	95	2026
	31108526	0.06	14	113	99	1943
	14114061	0.06	5	19	89	1816
	11109665	0.06	18	224	99	1802
27	41109864	0.05	3	37	90	2998
	53109295	0.05	4	37	96	2567

（续）

排名	牛号	乳蛋白率（%）	女儿分布省数	女儿分布场数	r^2(%)	*CPI*
	12114335	0.05	6	43	97	2102
	37313019	0.05	4	28	89	2090
	11114672	0.05	7	38	98	1996
	13205120	0.05	5	37	95	1981
	11111606	0.05	8	67	99	1968
	37308035	0.05	8	58	98	1950
	11109804	0.05	12	131	99	1800
	11102912	0.05	19	327	99	1708
	31111259	0.05	9	21	97	1698
38	12113290	0.04	5	30	92	2420
	12108248	0.04	4	48	95	2313
	11115621	0.04	6	34	98	2144
	37314046	0.04	4	20	97	2143
	31114208	0.04	7	18	88	2010
	11114612	0.04	6	43	97	1956
	31113661	0.04	8	46	99	1926
	37313035	0.04	8	34	98	1917
	11103838	0.04	5	34	95	1775
	13203679	0.04	12	81	98	1731
	11106005	0.04	7	34	95	1693
49	11109708	0.04	7	51	98	1663
50	12108235	0.03	4	62	97	2627

表 2-1-4 乳脂量估计育种值前 50 名

排名	牛号	乳脂量（kg）	女儿分布省数	女儿分布场数	r^2(%)	*CPI*
1	65107036	85	4	42	98	2901
2	65107017	75	6	44	98	2956
3	41115864	70	5	35	97	2437
	12113290	70	5	30	92	2420
5	65107038	67	6	31	98	2908
	65106035	67	8	44	97	2543
	12105226	67	3	46	97	2300
8	11114622	62	11	65	99	2377
9	11116675	54	8	35	98	2414
10	41109864	53	3	37	90	2998
	11115639	53	4	45	98	2200
12	11114610	49	13	85	98	2274
13	65107016	48	10	44	98	2698
14	11112628	47	12	66	98	2273
15	12103172	45	5	51	98	2433
16	11116687	42	5	38	97	2331
	11115615	42	7	44	98	2193
18	31114684	40	10	22	91	2331
	11111611	40	3	40	98	2205
20	12109265	38	3	26	97	2722
	12108248	38	4	48	95	2313
	37314045	38	3	23	83	2270
	31116164	38	10	29	96	2194
	12105214	38	6	45	98	2183
25	11112636	37	5	41	97	2225
26	12108244	34	5	56	96	2781
	11116697	34	6	25	98	2201
28	11113667	33	4	27	86	2689

（续）

排名	牛号	乳脂量（kg）	女儿分布省数	女儿分布场数	r^2（%）	*CPI*
	11114650	33	8	39	97	2099
	11109693	33	16	156	99	2042
31	65108023	32	7	46	96	2643
	12113307	32	5	46	95	2080
33	37109995	31	3	59	96	2188
34	11113568	30	4	18	89	2411
	11112629	30	5	42	96	2206
	37308051	30	8	46	97	2087
37	11114612	29	6	43	97	1956
38	11113567	28	4	22	88	2447
	11114601	28	11	69	98	2270
	11115621	28	6	34	98	2144
	12113311	28	6	42	92	1890
42	12104181	27	8	63	99	2182
	31114207	27	8	26	92	1972
	31113669	27	8	26	92	1948
45	11112626	26	3	31	87	2336
	37304002	26	7	56	97	2147
	31109531	26	13	115	99	2069
	11115601	26	5	26	96	1995
	11109012	26	13	108	99	1771
50	11116682	25	5	30	98	2040

表 2-1-5 乳蛋白量估计育种值前 50 名

排名	牛号	乳蛋白量（kg）	女儿分布省数	女儿分布场数	r^2(%)	*CPI*
1	65107036	58	4	42	98	2901
2	41115864	55	5	35	97	2437
3	12113290	54	5	30	92	2420
4	65107017	52	6	44	98	2956
5	65107038	50	6	31	98	2908
6	41109864	44	3	37	90	2998
	65106035	44	8	44	97	2543
8	11116687	42	5	38	97	2331
9	31115408	41	8	20	98	2175
10	12105226	40	3	46	97	2300
11	11116675	38	8	35	98	2414
12	37314045	37	3	23	83	2270
13	65107016	36	10	44	98	2698
14	53109295	33	4	37	96	2567
	31116164	33	10	29	96	2194
	12112285	33	3	27	92	2057
17	11113667	32	4	27	86	2689
	11114622	32	11	65	99	2377
19	11114602	31	16	126	99	2301
	11111611	31	3	40	98	2205
21	11115615	30	7	44	98	2193
	12113301	30	4	24	90	2088
23	11115639	29	4	45	98	2200
	12105214	29	6	45	98	2183
25	12103172	28	5	51	98	2433
	11114610	28	13	85	98	2274
	37109995	28	3	59	96	2188
	11115621	28	6	34	98	2144

（续）

排名	牛号	乳蛋白量（kg）	女儿分布省数	女儿分布场数	r^2(%)	*CPI*
29	11114601	27	11	69	98	2270
	31115199	27	8	25	98	2136
31	12108244	26	5	56	96	2781
	12109265	26	3	26	97	2722
	11113567	26	4	22	88	2447
	11112628	26	12	66	98	2273
	11116667	26	6	24	97	2125
36	12108248	25	4	48	95	2313
37	37308051	24	8	46	97	2087
	37312038	24	11	46	99	2060
39	37310040	23	6	71	96	2205
	12111271	23	6	43	95	2201
	11114650	23	8	39	97	2099
	37313019	23	4	28	89	2090
	37313025	23	8	44	97	2076
44	31114684	22	10	22	91	2331
	37314037	22	10	36	98	2146
	37314048	22	5	31	98	2080
	31114686	22	9	20	98	2051
	41113894	22	4	33	97	2021
	11112622	22	4	53	96	1948
	11110533	22	10	92	99	1938

表 2-1-6　体细胞评分估计育种值前 50 名

排名	牛号	体细胞评分	女儿分布省数	女儿分布场数	r^2(%)	*CPI*
1	11112535	2.78	36	73	77	2134
2	11114633	2.82	25	159	87	1803
3	31115184	2.83	18	120	82	2080
4	31114689	2.86	30	425	94	1981
	31115194	2.86	19	303	94	1956
	11114613	2.86	28	148	86	1909
7	65107036	2.87	42	772	98	2901
	11111610	2.87	43	154	88	1827
9	11116697	2.88	25	583	96	2201
	11114650	2.88	39	346	94	2099
	31116159	2.88	18	183	87	1598
12	65106035	2.89	44	439	96	2543
	11113672	2.89	42	216	91	2176
	11113575	2.89	34	99	84	1932
15	65107038	2.90	31	514	96	2908
16	65107017	2.91	44	505	97	2956
	65107016	2.91	44	589	97	2698
	11113655	2.91	32	158	89	2205
	31111613	2.91	70	265	92	2073
	31114208	2.91	18	62	79	2010
	31114209	2.91	29	576	96	1959
	37308035	2.91	58	535	96	1950
	11111609	2.91	50	451	95	1843
	11104676	2.91	32	333	94	1337
25	37314046	2.92	20	392	94	2143
	11114605	2.92	63	586	96	2003
	31113219	2.92	26	335	95	1886
	31109546	2.92	50	403	96	1879

（续）

排名	牛号	体细胞评分	女儿分布省数	女儿分布场数	r^2(%)	CPI
	37310027	2.92	107	822	98	1689
30	41109864	2.93	37	104	83	2998
	65108023	2.93	46	275	93	2643
	31116164	2.93	29	297	92	2194
	11116667	2.93	24	378	94	2125
	12114335	2.93	43	362	95	2102
	37314048	2.93	31	485	96	2080
	31113663	2.93	37	176	90	1689
	41116814	2.93	25	179	88	1676
38	31115408	2.94	20	501	96	2175
	41113894	2.94	33	314	94	2021
	37314058	2.94	25	654	97	2010
	31115400	2.94	34	623	97	1947
	31110562	2.94	40	476	96	1808
	31109292	2.94	87	2826	99	1650
	11196529	2.94	191	2520	99	1600
45	41115864	2.95	35	304	93	2437
	11114602	2.95	120	2000	99	2301
	11115639	2.95	45	825	97	2200
	11111606	2.95	67	1045	98	1968
	37310016	2.95	67	728	97	1945
	31108526	2.95	113	1882	99	1943

表 2－1－7　体型总分估计育种值前 50 名

排名	牛号	体型总分	女儿分布省数	女儿分布场数	r^2(%)	*CPI*
1	41109864	31	3	14	77	2998
2	11112621	30	3	13	65	2415
3	12108244	28	5	14	76	2781
	12108235	28	4	17	76	2627
	11113658	28	3	14	66	2311
6	12109265	27	3	13	73	2722
	11113653	27	3	16	78	2533
8	53109295	26	4	8	67	2567
	12109258	26	5	17	83	2352
	12108251	26	4	15	80	2277
11	65108023	25	7	25	89	2643
12	11113667	24	4	11	63	2689
13	11113573	21	3	9	57	2169
14	65107017	20	6	25	94	2956
	65107038	20	6	19	93	2908
	11112535	20	4	16	62	2134
	11113670	20	4	10	48	2123
18	65107016	18	10	25	94	2698
	11113567	18	4	13	58	2447
	11113568	18	4	11	68	2411
	12108240	18	7	14	70	2100
22	11112626	17	3	15	64	2336
23	11113665	16	7	13	68	2318
	12104189	16	4	17	82	2284
	11112620	16	5	19	82	2170
	11113673	16	5	13	67	2032
27	65107036	15	4	33	96	2901
	37307001	15	15	36	88	2013

（续）

排名	牛号	体型总分	女儿分布省数	女儿分布场数	r^2(%)	CPI
29	12109253	14	4	16	88	1907
30	11113672	13	9	19	77	2176
	11112533	13	5	18	67	2121
32	12103172	12	5	17	84	2433
	11113655	12	7	16	86	2205
	31108520	12	17	31	97	2153
	11112639	12	3	17	87	2125
	37303017	12	8	12	79	2076
	37304004	12	13	17	94	1932
38	12113286	11	3	14	67	2188
	12109260	11	5	17	80	2136
	12101131	11	8	16	90	2091
	37307015	11	5	32	70	2086
	11114603	11	7	9	83	2042
	11112537	11	4	20	80	2026
44	31114684	10	10	6	62	2331
	12108248	10	4	16	78	2313
	12104101	10	8	23	00	2182
	37314046	10	4	26	78	2143
	12113309	10	6	7	49	2071
	11110525	10	4	20	83	2058
	11112530	10	4	18	65	1859

表 2-1-8 泌乳系统评分估计育种值前 50 名

排名	牛号	泌乳系统评分	女儿分布省数	女儿分布场数	r^2(%)	*CPI*
1	41109864	31	3	14	77	2998
2	11113667	26	4	11	63	2689
3	12108244	25	5	14	76	2781
4	11113653	24	3	16	78	2533
	11112621	24	3	13	65	2415
6	53109295	23	4	8	67	2567
7	65108023	22	7	25	89	2643
	11113658	22	3	14	66	2311
	12108251	22	4	15	80	2277
10	65107038	21	6	19	93	2908
	12108235	21	4	17	76	2627
12	12109265	20	3	13	73	2722
13	65107016	19	10	25	94	2698
	12109258	19	5	17	83	2352
15	65107017	18	6	25	94	2956
	11113573	18	3	9	57	2169
	37303017	18	8	12	79	2076
18	11112535	16	4	16	62	2134
19	11113567	15	4	13	58	2447
	11112626	15	3	15	64	2336
	31108520	15	17	31	97	2153
22	65107036	13	4	33	96	2901
	11112620	13	5	19	82	2170
24	11113568	12	4	11	68	2411
	11113665	12	7	13	68	2318
	12104189	12	4	17	82	2284
	11113670	12	4	10	48	2123
	37307001	12	15	36	88	2013

（续）

排名	牛号	泌乳系统评分	女儿分布省数	女儿分布场数	r^2(%)	*CPI*
29	11114602	11	16	50	98	2301
	37310040	11	6	14	88	2205
	11113655	11	7	16	86	2205
	11112639	11	3	17	87	2125
	11112533	11	5	18	67	2121
	12114335	11	6	5	52	2102
	12109253	11	4	16	88	1907
36	31114684	10	10	6	62	2331
	11112628	10	12	28	95	2273
	13205940	10	10	18	87	2163
	12101131	10	8	16	90	2091
	12113309	10	6	7	49	2071
	11113556	10	4	13	59	1829
42	11113672	9	9	19	77	2176
	37314046	9	4	26	78	2143
	11111602	9	5	38	97	2100
	12108240	9	7	14	70	2100
	37310001	9	3	11	62	2046
	11114603	9	7	9	83	2042
	11112537	9	4	20	80	2026
	53210194	9	5	19	63	1918
	12105280	9	4	20	87	1911

表 2－1－9　肢蹄评分估计育种值前 50 名

排名	牛号	肢蹄评分	女儿分布省数	女儿分布场数	r^2(%)	*CPI*
1	12108235	41	4	17	76	2627
2	12108244	32	5	14	76	2781
	12109265	32	3	13	73	2722
4	11113653	31	3	16	78	2533
	11113658	31	3	14	66	2311
6	11112621	30	3	13	65	2415
7	37304004	26	13	17	94	1932
8	12108251	25	4	15	80	2277
	11113573	25	3	9	57	2169
10	65108023	24	7	25	89	2643
	11112620	24	5	19	82	2170
12	65107017	23	6	25	94	2956
13	12103172	22	5	17	84	2433
14	12109258	21	5	17	83	2352
	12104189	21	4	17	82	2284
16	41109864	19	3	14	77	2998
	11113568	19	4	11	68	2411
18	11113665	18	7	13	68	2318
	11112535	18	4	16	62	2134
	11113670	18	4	10	48	2123
	11113673	18	5	13	67	2032
	37307001	18	15	36	88	2013
23	65107038	17	6	19	93	2908
	65107016	17	10	25	94	2698
	11113667	17	4	11	63	2689
	12108240	17	7	14	70	2100
27	11113672	16	9	19	77	2176
	12109253	16	4	16	88	1907

（续）

排名	牛号	肢蹄评分	女儿分布省数	女儿分布场数	r^2(%)	CPI
	37307017	16	3	31	80	1774
30	11110525	15	4	20	83	2058
31	65107036	14	4	33	96	2901
	53109295	14	4	8	67	2567
	11113567	14	4	13	58	2447
	37313024	14	7	28	96	1824
35	11112636	13	5	18	92	2225
	11112629	13	5	16	83	2206
	11112639	13	3	17	87	2125
	12101131	13	8	16	90	2091
	31114689	13	10	8	60	1981
	11112536	13	3	17	67	1913
	11112530	13	4	18	65	1859
	11111609	13	8	16	81	1843
	11108549	13	10	20	94	1747
44	31108520	12	17	31	97	2153
	11114605	12	10	26	94	2003
46	37314046	11	4	26	78	2143
	31115199	11	8	7	90	2136
	12109260	11	5	17	80	2136
	37308019	11	6	17	86	2066
	12108250	11	4	16	83	1938

2.2 青年公牛单性状基因组估计育种值前50名

表2-2-1至表2-2-9为9个不同性状基因组估计育种值排名前50名（头）的青年公牛。按照表中展示数值有效位，单个性状估计育种值相同的种公牛共享一个排名，依次按照泌乳性能、体型性状和CPI由高到低、体细胞评分由低到高，出生年份由近及远前后排序展示。每头种公牛的其他性状育种值可根据表2-4-1查询。

表2-2-1 产奶量基因组估计育种值前50名

排名	牛号	产奶量（kg）	r^2(%)	*GCPI*	排名	牛号	产奶量（kg）	r^2(%)	*GCPI*
1	37320094	2708	73	2498	26	37320124	1834	73	2497
2	41118845	2570	73	2582	27	37321097	1831	71	2757
3	13121005	2304	65	2789		15520028	1831	73	2468
4	65120375	2184	74	2496	29	37321100	1817	71	2708
5	15520022	2059	73	2589	30	13120419	1812	74	2698
6	37321013	2034	74	2696	31	31118136	1806	76	2657
7	11122611	2029	69	2709	32	21216035	1803	76	2385
8	15519026	2005	76	2551	33	37321007	1799	72	2458
9	37320093	1976	74	2471	34	11120521	1795	72	2350
10	13316097	1949	75	2312	35	37321095	1771	72	2772
11	31121345	1948	74	2555	36	15518010	1766	76	2529
12	15522001	1943	70	2680	37	31121340	1761	71	2604
13	13120435	1929	71	2681	38	37320095	1758	75	2343
14	37320123	1924	72	2443	39	41118859	1753	74	2450
15	31118100	1916	75	2532	40	11120523	1752	73	2331
16	15520014	1906	72	2464	41	15519013	1747	74	2440
17	31118450	1901	76	2362	42	37319049	1722	71	2630
18	61220117	1894	73	2424		11117678	1722	72	2515
19	15519009	1892	75	2608	44	21220010	1721	74	2507
20	13120447	1878	70	2699	45	37320121	1719	71	2441
21	31117447	1870	77	2533	46	11122613	1715	72	2656
22	11115632	1868	91	2623	47	15520032	1712	70	2713
23	31119377	1849	73	2695		15517034	1712	75	2499
24	31116440	1835	75	2479	49	37322006	1710	70	2686
	11116693	1835	76	2447		13316708	1710	73	2388

表 2-2-2　乳脂率基因组估计育种值前 50 名

排名	牛号	乳脂率（%）	r^2（%）	GCPI	排名	牛号	乳脂率（%）	r^2（%）	GCPI
1	11120601	0.79	77	2503		41121807	0.61	77	2548
2	37321093	0.75	74	2655		31120369	0.61	76	2475
3	37321044	0.70	75	2778		37321025	0.61	74	2435
	41121815	0.70	76	2649	29	31120363	0.60	77	2379
	37319072	0.70	77	2619	30	15521002	0.59	75	2656
	15521009	0.70	75	2564		37321091	0.59	75	2583
7	11119680	0.69	76	2456		31121354	0.59	77	2484
8	13121099	0.68	77	2644		37319056	0.59	78	2477
9	15521012	0.66	75	2515	34	15520006	0.58	76	2618
10	41119825	0.65	76	2452		31120368	0.58	76	2618
	37321086	0.65	77	2448		31120355	0.58	76	2513
12	37321095	0.64	76	2772		13118328	0.58	78	2390
	65119371	0.64	76	2411		31116152	0.58	83	2233
14	13121903	0.63	75	2648	39	11120616	0.57	75	2509
	11121655	0.63	75	2590		41118828	0.57	78	2493
	31120367	0.63	76	2555		15521022	0.57	75	2491
	41120829	0.63	75	2547		11119672	0.57	77	2422
	37321108	0.63	75	2488	43	37321099	0.56	75	2721
	15521001	0.63	76	2479		37320112	0.56	78	2598
	11119686	0.63	78	2467		15521013	0.56	76	2569
21	37321048	0.62	75	2789		13119142	0.56	78	2555
	37318009	0.62	78	2510		11120633	0.56	76	2129
	41120832	0.62	79	2460	48	37321111	0.55	76	2597
	13121929	0.62	77	2438		41120830	0.55	77	2561
25	13121087	0.61	76	2595		37321042	0.55	75	2531

表 2－2－3　乳蛋白率基因组估计育种值前 50 名

排名	牛号	乳蛋白率（%）	r^2(%)	GCPI	排名	牛号	乳蛋白率（%）	r^2(%)	GCPI
1	15520017	0.33	79	2817		31120378	0.25	78	2472
2	37321093	0.31	77	2655		41119824	0.25	79	2468
	37319054	0.31	81	2539		11118666	0.25	78	2367
4	37321044	0.29	78	2778		37320072	0.25	78	2237
	15521009	0.29	78	2564	30	31121330	0.24	77	2758
6	37321048	0.28	78	2789		37319057	0.24	81	2533
	13121079	0.28	77	2738		11122639	0.24	77	2515
	31120368	0.28	78	2618		37320026	0.24	79	2445
	13121087	0.28	79	2595		11122635	0.24	77	2384
	31120367	0.28	78	2555		11119677	0.24	82	2363
	41121807	0.28	80	2548		11119503	0.24	78	2212
	31120366	0.28	77	2504	37	37321078	0.23	79	2720
	31120369	0.28	79	2475		37321096	0.23	78	2713
14	13119142	0.27	81	2555		37320020	0.23	78	2499
	11120601	0.27	80	2503		11120633	0.23	79	2129
16	37321079	0.26	77	2570	41	37321076	0.22	78	2829
	37320119	0.26	79	2525		15521002	0.22	78	2656
	37319056	0.26	80	2477		13121903	0.22	78	2648
	64220613	0.26	80	2454		13119114	0.22	81	2553
	11120613*					37320120	0.22	78	2530
	31118089	0.26	82	2416		37322010	0.22	78	2528
21	41121815	0.25	79	2649		14115730	0.22	82	2481
	37319072	0.25	80	2619		11122512	0.22	78	2369
	37322012	0.25	77	2506		11120627	0.22	79	2340
	11120617	0.25	78	2491	50	37321099	0.21	78	2721
	15521001	0.25	79	2479					

注：* 表示该牛已经不在群，但有库存冻精。

表 2-2-4　乳脂量基因组估计育种值前 50 名

排名	牛号	乳脂量（kg）	r^2(%)	*GCPI*	排名	牛号	乳脂量（kg）	r^2(%)	*GCPI*
1	37321095	90	70	2772	26	13121005	72	63	2789
2	37321078	82	70	2720		37321099	72	70	2721
	37320112	82	72	2598		41120834	72	70	2689
	37321111	82	70	2597		13120437	72	72	2665
5	37321097	80	70	2757		37320081	72	72	2556
	41121815	80	70	2649		11120601	72	72	2503
	13121099	80	71	2644	32	13121029	71	71	2599
8	37321100	79	69	2708		37321110	71	70	2592
9	13121903	78	69	2648		41121821	71	73	2577
10	13121079	77	68	2738		15521026	71	71	2565
	41121809	77	69	2699		15521009	71	69	2564
12	37321076	76	69	2829		15521028	71	71	2528
	37321044	76	70	2778	38	13120447	70	69	2699
	37321096	76	70	2713		37322006	70	69	2686
15	31121330	75	68	2758		11119688	70	73	2678
	15520032	75	69	2713		13121925	70	68	2649
	13120419	75	73	2698		11121659	70	67	2632
	31121341	75	69	2674		37319072	70	72	2619
	11122620	75	68	2611		13119176	70	72	2608
	37318009	75	72	2510		11120602	70	71	2596
21	31120370	74	71	2583		37321091	70	69	2583
22	37321048	73	69	2789	47	41121802	69	68	2752
	15522001	73	69	2680		37320067	69	65	2643
	37321067	73	68	2607		11121655	69	70	2590
	37319007	73	72	2581		37321009	69	69	2581

表 2-2-5 乳蛋白量基因组估计育种值前 50 名

排名	牛号	乳蛋白量（kg）	r^2(%)	*GCPI*	排名	牛号	乳蛋白量（kg）	r^2(%)	*GCPI*
1	13121005	67	62	2789	26	15520032	51	68	2713
2	13121079	61	68	2738		13120419	51	72	2698
3	37321100	60	69	2708		15522005	51	69	2687
4	15520017	59	70	2817		13121925	51	68	2649
	37321013	59	72	2696		37321101	51	70	2639
6	37321095	58	70	2772		37321111	51	70	2597
	37321097	58	69	2757		15520022	51	71	2589
	37321078	58	70	2720		15520028	51	71	2468
9	37321076	56	69	2829	34	41121809	50	69	2699
	37321096	56	69	2713		13121045	50	69	2693
	31121228	56	67	2692		11122615	50	65	2687
	37322006	56	68	2686		11122613	50	70	2656
	15522001	56	68	2680		15520024	50	70	2647
	37319049	56	69	2630		37321046	50	69	2643
15	31121340	55	70	2604		13121053	50	67	2641
16	11122611	54	67	2709		37321045	50	72	2611
	31119377	54	71	2695		11122605	50	68	2607
	13121093	54	67	2694		37321067	50	68	2607
	15519023	54	71	2639		37320112	50	72	2598
	41118845	54	71	2582		13119160	50	71	2591
	37320094	54	71	2498		15520031	50	72	2519
22	31118136	53	75	2657	47	31121330	49	68	2758
	15519026	53	74	2551		31121341	49	68	2674
24	41121802	52	68	2752		13121903	49	69	2648
	13121085	52	68	2607		31118100	49	73	2532

表 2-2-6　体细胞评分基因组估计育种值前 50 名

排名	牛号	体细胞评分	r^2(%)	*GCPI*	排名	牛号	体细胞评分	r^2(%)	*GCPI*
1	15517048	1.00	71	2550		11117801	1.40	68	2270
2	12116363	1.02	69	2069		31119465	1.40	76	1913
3	11117802	1.04	69	2265	28	15519018	1.41	67	2512
4	31115401	1.08	75	2337	29	37320020	1.42	64	2499
5	11115650	1.13	83	2330		21216057	1.42	73	2314
6	11117808	1.14	72	2395		31115411	1.42	54	1988
7	31121335	1.20	65	2573		21216002	1.42	67	1974
8	11114657	1.21	74	2173	33	21214065	1.43	73	2395
9	37320108	1.22	65	2465		21214068	1.43	73	2394
10	15517052	1.23	68	2432	35	37321110	1.44	65	2592
11	65118357	1.28	69	2427		21214051	1.44	73	2361
12	21214055	1.30	71	2342		21214060	1.44	73	2322
13	13121929	1.31	67	2438		21214042	1.44	73	2287
	21214035	1.31	67	2076	39	37319058	1.45	66	2504
15	37321091	1.32	65	2583		13120429	1.45	63	2496
16	11115613	1.33	74	2144		65117350	1.45	67	2274
	37314004	1.33	69	2070		21214030	1.45	73	2273
18	11117632	1.35	64	2294		37114982	1.45	68	2044
19	31121229	1.36	66	2687	44	14117409	1.46	71	2280
	37316018	1.36	70	2438	45	12116371	1.47	73	2356
21	15520033	1.37	67	2528		21214025	1.47	67	2093
22	31121330	1.39	64	2758		61216072	1.47	67	1864
	21214023	1.39	72	2280	48	11115635	1.48	76	2448
24	11122625	1.40	62	2673		12116376	1.48	73	2173
	13120453	1.40	67	2547	50	11118666	1.49	66	2367

表 2-2-7 体型总分基因组估计育种值前 50 名

排名	牛号	体型总分	r^2(%)	*GCPI*	排名	牛号	体型总分	r^2(%)	*GCPI*
1	31116435	12	74	2443		65117353	9	74	2348
	11116672	12	73	2428		21216046	9	77	2345
3	11122619	11	68	2804		11114660	9	78	2189
	11114671	11	77	2257	29	11122611	8	65	2709
	61216082	11	73	2105		11122615	8	63	2687
6	11116695	10	77	2639		13121927	8	66	2685
	65116314	10	75	2609		11118606	8	72	2631
	37319050	10	69	2510		41121819	8	67	2630
	11116622	10	75	2501		41121813	8	65	2629
	21215023	10	77	2427		14119345	8	70	2624
	21215025	10	77	2427		13120423	8	67	2622
	11115611	10	75	2410		41118861	8	72	2583
	11116676	10	75	2408		11117609	8	73	2511
	11116670	10	75	2396		15520034	8	69	2456
	37317009	10	74	2394		11120610	8	70	2389
	21216006	10	74	2303		11118613	8	73	2385
	37314036	10	73	2293		37316015	8	72	2360
	11114638	10	79	2095		11114629	8	80	2348
19	37321076	9	67	2829		21214046	8	77	2319
	13120439	9	67	2695		37317058	8	72	2307
	11118631	9	69	2586		21214039	8	75	2306
	15517048	9	73	2550		21216011	8	76	2283
	37317033	9	67	2473		14117409	8	74	2280
	12116374	9	76	2448		11115610	8	75	2269
	12118402	9	73	2422		12114325	8	70	2047

表 2－2－8　泌乳系统评分基因组估计育种值前 50 名

排名	牛号	泌乳系统评分	r^2(%)	*GCPI*	排名	牛号	泌乳系统评分	r^2(%)	*GCPI*
1	11116622	12	74	2501		13121271	8	64	2575
2	11116695	10	77	2639		12118410	8	75	2505
	65116314	10	75	2609		61221122	8	67	2482
	37319050	10	68	2510		11116693	8	73	2447
	65116276	10	73	2433		65119367	8	70	2447
	37314036	10	73	2293		11116672	8	73	2428
	31114690	10	79	1999		21215023	8	77	2427
8	11122615	9	63	2687		21215025	8	77	2427
	31121229	9	68	2687		37317009	8	74	2394
	41121813	9	64	2629		11118613	8	73	2385
	31118100	9	72	2532		21216046	8	77	2345
	37317033	9	67	2473		13214092	8	78	2317
	15520034	9	69	2456		21216006	8	73	2303
	21214050	9	76	2429		21216011	8	76	2283
	11115611	9	75	2410		11114620	8	74	2268
	12117400	9	68	2318		61216082	8	73	2105
	11114671	9	76	2257		12116384	8	70	2071
	11114660	9	77	2189	43	15521002	7	67	2656
	31114687	9	79	2142		14119345	7	70	2624
20	37321076	8	67	2829		31118135	7	72	2573
	15520017	8	68	2817		37321037	7	65	2551
	11122619	8	68	2804		12118402	7	73	2422
	41121819	8	67	2630		14116212	7	74	2342
	11115632	8	90	2623		11117605	7	74	2192
	11118631	8	68	2586		11114632	7	78	2113

表 2－2－9 肢蹄评分基因组估计育种值前 50 名

排名	牛号	肢蹄评分	r^2(%)	*GCPI*	排名	牛号	肢蹄评分	r^2(%)	*GCPI*
1	11116680	10	81	2384		31116435	7	81	2443
2	11115632	9	94	2623		11116698	7	83	2382
	31120368	9	76	2618		12118406	7	80	2372
	11116672	9	80	2428		11117699	7	83	2364
	11116670	9	81	2396		12116371	7	82	2356
	11114668	9	80	2350		14117922	7	77	2344
	11115650	9	91	2330		11121537	7	75	2343
	41121827	9	73	2152		37315017	7	81	2338
	61216067	9	78	2115		13118340	7	77	2313
10	31118114	8	77	2507		37314036	7	80	2293
	15516042	8	81	2491		11114620	7	81	2268
	12118402	8	80	2422		11119691	7	76	2234
	21216006	8	81	2303		37315011	7	78	2209
	21214054	8	80	2271		11114660	7	84	2189
	11114671	8	84	2257		11115603	7	82	2141
	14115830	8	79	2202		61216082	7	80	2105
	11114638	8	85	2095		13214044	7	78	1892
	51114306	8	76	1933		61216076	7	78	1761
	64114042*				44	11122619	6	75	2804
19	11119688	7	78	2678		41120833	6	76	2587
	11118606	7	79	2631		12118411	6	82	2371
	11116683	7	85	2520		21217029	6	79	2333
	31120355	7	76	2513		14117409	6	80	2280
	11116677	7	79	2498		13118338	6	78	2269
	11116673	7	82	2481		11115619	6	82	2138
	31120369	7	76	2475					

注：* 表示种公牛的曾用牛号。

2.3 验证公牛估计育种值

表2－3－1按照表中展示CPI数值有效位，CPI相同的种公牛共享一个排名，并按照牛号依次排序。

表2－3－1 验证公牛各性状估计育种值及综合指数（*CPI*）值

排名	牛号	*CPI*	女儿分布省数（个）	产奶性状								健康性状				体型性状					
				女儿分布场数（个）	女儿数（头）	产奶量（kg）	乳脂率（%）	乳蛋白率（%）	乳脂量（kg）	乳蛋白量（kg）	可靠性（%）	女儿分布场数（个）	女儿数（头）	体细胞评分	可靠性（%）	女儿分布场数（个）	女儿数（头）	体型总分	泌乳系统评分	肢蹄评分	可靠性（%）
1	41109864	2998	3	37	104	1086	0.09	0.05	53	44	90	37	104	2.93	83	14	59	31	31	19	77
2	65107017	2956	6	44	506	1599	0.13	-0.02	75	52	98	44	505	2.91	97	25	338	20	18	23	94
3	65107038	2908	6	31	517	1549	0.07	-0.02	67	50	98	31	514	2.9	96	19	261	20	21	17	93
4	65107036	2901	4	42	772	1727	0.17	-0.01	85	58	98	42	772	2.87	98	33	549	15	13	14	96
5	12108244	2781	5	56	214	523	0.13	0.07	34	26	96	56	214	2.99	93	14	56	28	25	32	76
6	12109265	2722	3	26	304	687	0.10	0.02	38	26	97	26	304	3.04	94	13	42	27	20	32	73
7	65107016	2698	10	44	589	1141	0.04	-0.02	48	36	98	44	589	2.91	97	25	289	18	19	17	94
8	11113667	2689	4	27	62	996	-0.04	-0.02	33	32	86	27	62	3.06	75	11	26	24	26	17	63
9	65108023	2643	7	46	276	747	0.04	-0.04	32	20	96	46	275	2.93	93	25	152	25	22	24	89
10	12108235	2627	4	62	251	323	0.03	0.03	17	15	97	62	251	3.08	94	17	51	28	21	41	76
11	53109295	2567	4	37	291	783	-0.19	0.05	8	33	96	37	291	3.01	92	8	35	26	23	14	67
12	65106035	2543	8	44	439	1284	0.16	0.00	67	44	97	44	439	2.89	96	22	148	9	5	5	89
13	11113653	2533	3	31	125	451	-0.05	-0.06	11	9	93	31	125	3.05	87	16	60	27	24	31	78
14	11113567	2447	4	22	73	784	-0.01	-0.01	28	26	88	22	73	3.06	80	13	24	18	15	14	58
15	41115864	2437	5	35	307	1549	0.10	0.01	70	55	97	35	304	2.95	93	15	85	1	0	-6	82
16	12103172	2433	5	51	538	633	0.19	0.06	45	28	98	51	538	3.05	97	17	97	12	5	22	84

（续）

排名	牛号	CPI	女儿分布省数（个）	产奶性状 女儿分布场数（个）	女儿数（头）	产奶量（kg）	乳脂率（%）	乳蛋白率（%）	乳脂量（kg）	乳蛋白量（kg）	可靠性（%）	健康性状 女儿分布场数（个）	女儿数（头）	体细胞评分	可靠性（%）	体型性状 女儿分布场数（个）	女儿数（头）	体型总分	泌乳系统评分	肢蹄评分	可靠性（%）
17	12113290	2420	5	30	88	1445	0.14	0.04	70	54	92	30	88	3.01	86	17	38	1	-3	0	68
18	11112621	2415	3	37	122	139	-0.08	-0.04	-2	0	93	37	122	3.12	87	13	27	30	24	30	65
19	11116675	2414	8	35	887	1141	0.10	-0.01	54	38	98	35	886	3.02	97	14	794	7	7	3	97
20	11113568	2411	4	18	71	554	0.08	-0.02	30	17	89	18	71	2.99	80	11	32	18	12	19	68
21	11114622	2377	11	65	1463	1113	0.17	-0.05	62	32	99	65	1460	2.99	99	23	1037	3	6	3	98
22	12109258	2352	5	51	712	179	0.06	-0.04	14	1	98	51	709	3.1	97	17	90	26	19	21	83
23	11112626	2336	3	31	68	514	0.06	-0.03	26	14	87	31	68	3.02	78	15	26	17	15	10	64
24	11116687	2331	5	38	442	1659	-0.17	-0.12	42	42	97	38	441	2.99	95	9	526	5	-2	10	96
	31114684	2331	10	22	101	269	0.27	0.11	40	22	91	21	100	2.98	84	6	28	10	10	6	62
26	11113665	2318	7	34	220	225	0.02	0.08	10	17	95	34	219	2.96	91	13	33	16	12	18	68
27	12108248	2313	4	48	176	577	0.14	0.04	38	25	95	48	176	3.06	92	16	61	10	8	8	78
28	11113658	2311	3	20	46	452	-0.35	-0.17	-22	-5	85	20	46	2.96	75	14	32	28	22	31	66
29	11114602	2301	16	126	2888	702	-0.02	0.06	24	31	99	126	2880	2.95	99	50	1274	9	11	0	98
30	12105226	2300	3	46	330	890	0.29	0.08	67	40	97	46	330	3.08	96	18	93	0	-2	0	84
31	12104189	2284	4	44	555	94	0.12	0.03	18	7	98	44	555	3.03	97	17	77	16	12	21	82
32	12108251	2277	4	43	358	-242	0.07	-0.03	-1	-11	97	43	358	3.07	96	15	70	26	22	25	80
33	11114610	2274	13	85	1004	763	0.18	0.01	49	28	98	85	997	2.97	98	25	553	3	3	4	96
34	11112628	2273	12	66	848	1406	-0.05	-0.18	47	26	98	66	845	3	98	28	388	7	10	-8	95
35	11114601	2270	11	69	802	876	-0.04	-0.03	28	27	98	69	800	2.96	97	25	407	7	6	8	95
	37314045	2270	3	23	50	1431	-0.14	-0.09	38	37	83	22	49	3.09	72	27	64	5	5	0	76

（续）

排名	牛号	CPI	女儿分布省数（个）	产奶性状							健康性状				体型性状					
				女儿分布场数（个）	女儿数（头）	产奶量（kg）	乳脂率（%）	乳蛋白率（%）	乳脂量（kg）	乳蛋白量（kg）	可靠性（%）	女儿分布场数（个）	女儿数（头）	体细胞评分	可靠性（%）	女儿分布场数（个）	女儿数（头）	体型总分	泌乳系统评分	肢蹄评分	可靠性（%）
37	11112636	2225	5	41	325	473	0.17	-0.02	37	14	97	41	325	2.99	94	18	209	6	5	13	92
38	11112629	2206	5	42	269	750	0.01	-0.09	30	15	96	42	269	3.03	92	16	88	8	5	13	83
39	37310040	2205	6	71	259	702	-0.11	-0.01	14	23	96	71	258	2.98	93	14	134	6	11	4	88
	11111611	2205	3	40	808	1023	0.01	-0.03	40	31	98	40	808	3.06	98	18	747	0	2	4	97
	11113655	2205	7	32	159	141	0.17	0.00	24	4	94	32	158	2.91	89	16	116	12	11	9	86
42	11116697	2201	6	25	586	868	0.01	-0.07	34	21	98	25	583	2.88	96	15	658	4	7	-2	97
	12111271	2201	6	43	164	715	-0.03	-0.01	24	23	95	43	164	3.01	91	26	68	7	6	6	79
44	11115639	2200	4	45	825	1168	0.08	-0.09	53	29	98	45	825	2.95	97	8	426	0	-1	-2	95
45	31116164	2194	10	29	301	939	0.02	0.01	38	33	96	29	297	2.93	92	7	30	2	-3	3	65
46	11115615	2193	7	44	767	651	0.16	0.07	42	30	98	44	763	2.96	97	23	534	0	-2	5	96
47	12113286	2188	3	21	46	255	0.05	0.06	16	16	86	21	45	3.01	75	14	36	11	8	9	67
	37109995	2188	3	59	246	913	-0.04	-0.03	31	28	96	59	246	3.01	92	17	51	5	5	-2	74
49	12105214	2183	6	45	370	635	0.12	0.06	38	29	98	45	370	3.07	96	14	37	1	1	5	71
50	12104181	2182	8	63	847	422	0.10	0.01	27	16	99	63	842	3.04	98	23	172	10	7	5	90
51	11113672	2176	9	42	217	288	-0.08	-0.01	2	8	95	42	216	2.89	91	19	57	13	9	16	77
52	31115408	2175	8	20	502	1511	-0.35	-0.09	16	41	98	20	501	2.94	96	12	323	3	1	-2	94
53	11112620	2170	5	52	233	-91	-0.02	0.01	-5	-2	96	52	232	2.99	92	19	77	16	13	24	82
54	11113573	2169	3	23	51	-307	0.00	-0.02	-12	-12	86	22	50	2.99	76	9	18	21	18	25	57
55	13205940	2163	10	64	954	239	0.12	0.07	22	17	99	64	942	3.02	98	18	133	8	10	0	87
56	31108520	2153	17	100	1447	123	-0.08	0.02	-4	7	99	100	1444	3	99	31	592	12	15	12	97

（续）

排名	牛号	CPI	女儿分布省数（个）	产奶性状								健康性状				体型性状					
				女儿分布场数（个）	女儿数（头）	产奶量（kg）	乳脂率（%）	乳蛋白率（%）	乳脂量（kg）	乳蛋白量（kg）	可靠性（%）	女儿分布场数（个）	女儿数（头）	体细胞评分	可靠性（%）	女儿分布场数（个）	女儿数（头）	体型总分	泌乳系统评分	肢蹄评分	可靠性（%）
57	37304002	2147	7	56	389	523	0.05	-0.02	26	15	97	56	388	3.03	95	8	53	2	8	7	76
	37310014	2147	4	49	193	665	-0.01	-0.06	24	16	94	49	193	2.99	89	10	26	5	5	8	60
59	37314037	2146	10	36	965	773	-0.07	-0.04	21	22	98	36	964	3.04	98	29	234	4	4	8	92
60	11115621	2144	6	34	798	691	0.02	0.04	28	28	98	34	791	3.01	97	20	869	0	1	5	97
61	37314046	2143	4	20	392	419	-0.23	0.04	-10	19	97	20	392	2.92	94	26	68	10	9	11	78
62	12109260	2136	5	45	581	216	0.01	0.03	9	11	98	45	577	3.02	97	17	76	11	8	11	80
	31115199	2136	8	25	876	956	-0.22	-0.05	11	27	98	25	872	3.11	97	7	174	5	3	11	90
64	11112535	2134	4	36	73	-273	-0.01	-0.05	-12	-14	87	36	73	2.78	77	16	29	20	16	18	62
65	11112639	2125	3	22	161	185	-0.05	0.01	1	7	95	22	161	3.04	90	17	118	12	11	13	87
	11116667	2125	6	24	378	986	-0.19	-0.06	15	26	97	24	378	2.93	94	10	357	6	8	-9	95
67	11113670	2123	4	25	122	-167	0.00	0.01	-7	-5	92	25	122	2.97	86	10	15	20	12	18	48
68	37308046	2122	6	38	265	581	-0.07	-0.01	14	19	96	38	262	2.98	92	8	23	3	6	7	59
69	11112533	2121	5	42	99	417	-0.11	-0.07	3	6	91	42	99	3.01	83	18	37	13	11	10	67
70	11111607	2106	8	90	903	1009	-0.12	-0.13	24	19	98	90	900	2.97	98	31	484	2	3	4	96
71	31113676	2103	6	30	98	343	0.09	0.03	23	15	91	30	98	3.04	83	7	14	7	2	8	49
72	12114335	2102	6	43	366	381	-0.18	0.05	-6	19	97	43	362	2.93	95	5	14	7	11	2	52
73	11111602	2100	5	99	1142	588	-0.13	-0.09	7	9	99	99	1140	2.97	98	38	725	8	9	8	97
	12108240	2100	7	56	440	-247	0.12	0.03	-4	-5	98	56	432	3.03	96	14	41	18	9	17	70
75	11114650	2099	8	39	347	676	0.07	0.00	33	23	97	39	346	2.88	94	13	167	2	-3	0	90
	11116669	2099	7	28	283	543	-0.08	-0.01	11	17	96	28	278	2.98	91	14	420	7	8	0	95

（续）

排名	牛号	CPI	产奶性状 女儿分布省数（个）	女儿分布场数（个）	女儿数（头）	产奶量（kg）	乳脂率（%）	乳蛋白率（%）	乳脂量（kg）	乳蛋白量（kg）	可靠性（%）	健康性状 女儿分布场数（个）	女儿数（头）	体细胞评分	可靠性（%）	体型性状 女儿分布场数（个）	女儿数（头）	体型总分	泌乳系统评分	肢蹄评分	可靠性（%）
77	12101131	2091	8	58	944	251	0.05	-0.12	15	-6	99	58	944	2.98	98	16	150	11	10	13	90
78	37313019	2090	4	28	86	521	0.01	0.05	22	23	89	27	85	3.05	81	20	58	3	0	6	74
79	12113301	2088	4	24	76	886	-0.11	-0.01	21	30	90	24	76	3.09	83	2	4	1	-2	6	30
80	37308051	2087	8	46	347	1103	-0.10	-0.12	30	24	97	45	346	3	94	11	28	-4	2	1	60
81	37307015	2086	5	84	212	487	-0.11	-0.04	5	12	94	84	209	3.02	90	32	43	11	8	4	70
82	12113307	2080	5	46	199	446	0.14	0.03	32	18	95	46	197	2.99	90	5	9	-1	4	-2	40
	31115184	2080	8	18	121	444	0.03	0.02	20	17	90	18	120	2.83	82	3	5	2	2	1	34
	37314048	2080	5	31	490	-31	0.19	0.20	19	22	98	31	485	2.93	96	26	496	0	5	-3	96
85	37303017	2076	8	34	529	103	-0.16	-0.01	-14	2	98	34	529	2.99	96	12	74	12	18	6	79
	37313025	2076	8	44	376	631	-0.16	0.01	5	23	97	44	376	3.05	95	31	268	5	4	5	93
87	31111613	2073	7	70	266	507	-0.06	0.03	12	21	95	70	265	2.91	92	15	27	2	3	2	63
88	12113309	2071	6	38	115	99	0.13	-0.01	13	3	93	38	115	3.02	87	7	15	10	10	1	49
89	37308045	2070	9	64	487	479	0.02	0.01	20	18	98	64	482	2.98	96	15	66	3	1	5	79
90	31109531	2069	13	115	1584	626	0.02	-0.05	25	15	99	115	1579	2.99	99	21	378	2	3	2	95
91	37308019	2066	6	51	417	382	0.02	-0.04	17	9	97	51	417	3	96	17	109	5	3	11	86
92	37312038	2060	11	46	1230	729	-0.03	-0.01	24	24	99	46	1224	2.96	98	15	534	-2	2	-3	96
93	12114324	2059	5	37	162	576	-0.05	-0.05	13	14	95	37	161	3.03	90	5	12	7	5	1	46
94	11110525	2058	4	67	471	90	-0.01	-0.02	2	0	97	67	469	3.00	95	20	85	10	8	15	83
95	12112285	2057	3	27	93	961	-0.18	0.00	17	33	92	27	92	3.07	87	16	31	1	-1	-2	66
96	31114686	2051	9	20	662	721	-0.15	-0.02	10	22	98	20	662	2.96	97	13	312	3	4	-2	94

（续）

排名	牛号	CPI	女儿分布省数（个）	产奶性状 女儿分布场数（个）	女儿数（头）	产奶量（kg）	乳脂率（%）	乳蛋白率（%）	乳脂量（kg）	乳蛋白量（kg）	可靠性（%）	健康性状 女儿分布场数（个）	女儿数（头）	体细胞评分	可靠性（%）	体型性状 女儿分布场数（个）	女儿数（头）	体型总分	泌乳系统评分	肢蹄评分	可靠性（%）
97	37310001	2046	3	84	259	249	-0.03	-0.02	6	6	96	84	259	3.01	93	11	28	6	9	7	62
98	11109693	2042	16	156	3087	536	0.11	0.02	23	20	99	156	3077	2.98	99	46	893	-1	0	-4	98
	11114603	2042	7	38	190	-3	0.19	0.01	21	1	94	38	188	3.06	89	9	85	11	9	-1	83
100	11116682	2040	5	30	786	625	0.01	0.00	25	21	98	30	777	3.01	97	15	781	1	1	-3	97
101	37308056	2034	7	45	252	403	-0.09	-0.04	5	9	96	45	252	2.96	93	8	17	6	7	4	54
102	11113673	2032	5	19	60	-499	0.04	0.13	-14	-3	87	19	60	2.99	77	13	29	16	8	18	67
103	11112537	2026	4	64	210	-161	0.07	0.06	2	1	95	64	210	3.02	90	20	71	11	9	7	80
104	41113894	2021	4	33	315	795	-0.04	-0.04	25	22	97	33	314	2.94	94	1	47	-2	4	-12	74
105	11110524	2019	11	83	1655	56	0.06	0.00	9	2	99	83	1652	3.04	99	23	377	7	8	7	95
	37316006	2019	6	23	341	921	-0.19	-0.09	13	21	97	23	340	3.12	94	12	141	2	-2	10	88
107	37307001	2013	15	165	944	-196	-0.06	-0.04	-14	-12	98	164	939	2.98	98	36	147	15	12	18	88
108	31114208	2010	7	18	62	232	0.02	0.04	11	13	88	18	62	2.91	79	7	18	0	6	-2	56
	37314058	2010	4	25	656	441	0.06	-0.04	23	10	98	25	654	2.94	97	20	369	1	-1	6	95
110	12114322	2009	3	22	266	351	-0.06	-0.04	7	8	97	22	266	3.03	94	5	5	7	4	7	36
111	11114605	2003	10	63	591	131	-0.06	0.02	-2	7	98	63	586	2.92	96	26	329	7	2	12	94
112	11114672	1996	7	38	623	9	0.18	0.05	20	6	98	38	623	2.98	97	15	328	3	1	6	95
113	11115601	1995	5	26	304	553	0.05	-0.14	23	2	96	26	304	2.98	94	11	156	3	0	8	90
114	11112650	1993	4	26	135	366	-0.01	-0.01	12	12	92	26	135	2.97	85	16	86	2	1	5	83
115	37310032	1990	4	38	167	698	-0.21	-0.08	4	14	95	38	167	3.06	90	13	55	5	5	1	75
116	37315010	1986	11	21	787	450	-0.10	0.00	6	15	98	21	784	2.99	97	10	683	5	0	4	97

（续）

排名	牛号	CPI	女儿分布省数（个）	产奶性状 女儿分布场数（个）	女儿数（头）	产奶量（kg）	乳脂率（%）	乳蛋白率（%）	乳脂量（kg）	乳蛋白量（kg）	可靠性（%）	健康性状 女儿分布场数（个）	女儿数（头）	体细胞评分	可靠性（%）	体型性状 女儿分布场数（个）	女儿数（头）	体型总分	泌乳系统评分	肢蹄评分	可靠性（%）
117	11112625	1983	3	40	433	369	0.04	-0.05	19	6	97	40	433	3	95	18	214	2	-1	10	92
118	13205120	1981	5	37	236	25	0.02	0.05	3	6	95	37	235	3.01	92	8	21	7	6	3	53
	31114689	1981	10	30	427	682	-0.35	-0.13	-14	7	97	30	425	2.86	94	8	24	6	3	13	60
120	37310036	1979	10	105	1714	952	-0.27	-0.15	5	14	99	105	1709	3.05	99	29	627	4	0	8	97
121	31114207	1972	8	26	123	520	0.07	-0.08	27	8	92	26	123	2.98	85	4	18	2	2	-5	56
122	11111606	1968	8	67	1047	243	0.09	0.05	19	14	99	67	1045	2.95	98	21	610	0	-2	1	97
	37308027	1968	7	68	413	297	0.01	0.03	13	13	97	68	408	3.03	95	19	70	-1	2	3	78
124	11109655	1966	14	112	1522	180	-0.02	-0.04	4	2	99	112	1518	2.98	99	31	537	5	6	5	96
125	37310021	1962	8	104	700	558	-0.10	-0.08	10	10	98	104	698	3.01	97	23	91	2	5	-2	83
126	11101916	1961	17	334	5514	354	0.06	0.01	20	13	99	332	5504	3.02	99	75	846	-1	-2	4	97
127	11109658	1960	4	46	459	367	-0.11	-0.08	1	3	98	46	458	2.97	96	15	210	5	8	1	92
128	11114612	1956	6	43	393	73	0.24	0.04	29	8	97	43	392	2.98	95	14	313	-1	1	-4	94
	12114332	1959	3	21	360	289	0.01	-0.06	13	3	97	21	359	3.1	95	3	32	6	3	6	67
	31114209	1959	8	29	577	276	-0.06	-0.04	4	5	98	29	576	2.91	96	14	142	4	2	6	88
	31115194	1956	4	19	304	139	-0.30	0.03	-23	8	97	19	303	2.86	94	5	73	8	7	8	80
132	37308035	1950	8	58	543	-189	0.10	0.05	4	-1	98	58	535	2.91	96	16	262	2	6	6	93
133	11112622	1948	4	53	320	932	-0.17	-0.08	15	22	96	53	320	3.04	92	17	106	0	-5	0	85
	31113669	1948	8	26	112	738	-0.01	-0.05	27	20	92	26	111	3.03	84	8	24	-5	-8	5	62
135	31115400	1947	13	34	628	-9	0.14	0.01	15	1	98	34	623	2.94	97	14	233	4	4	-1	92
136	11109802	1945	10	54	558	35	0.05	0.03	7	4	98	54	554	2.98	96	15	64	5	-1	10	78

（续）

排名	牛号	*CPI*	女儿分布省数（个）	产奶性状							健康性状				体型性状					
				女儿分布场数（个）	女儿数（头）	产奶量（kg）	乳脂率（%）	乳蛋白率（%）	乳脂量（kg）	乳蛋白量（kg）	可靠性（%）	女儿分布场数（个）	女儿数（头）	体细胞评分	可靠性（%）	女儿分布场数（个）	女儿数（头）	体型总分	泌乳系统评分	肢蹄评分	可靠性（%）
	37310016	1945	7	67	734	775	-0.09	-0.09	19	15	98	67	728	2.95	97	19	129	-3	-3	1	87
	37314047	1945	5	32	178	915	-0.13	-0.09	20	20	93	32	176	3.01	88	29	115	-2	-1	-7	86
139	31108526	1943	14	113	1888	137	-0.11	0.06	-7	11	99	113	1882	2.95	99	32	654	1	3	7	97
140	11110533	1938	10	92	1462	671	-0.18	-0.01	5	22	99	92	1459	2.99	99	28	531	-2	-3	2	96
	12108250	1938	4	50	336	118	0.02	-0.04	7	-1	97	50	335	2.97	95	16	87	6	0	11	83
142	12112284	1937	3	27	207	402	0.06	-0.06	22	7	96	27	206	3.01	92	11	22	1	-2	3	58
	37316040	1937	8	20	154	1070	-0.34	-0.14	1	20	92	20	154	2.99	84	8	51	-1	3	-5	74
144	11115633	1935	8	35	1212	50	0.15	0.02	19	4	99	35	1210	3.01	98	12	947	2	3	-2	97
145	37310011	1934	4	49	189	561	-0.04	-0.03	16	16	94	49	189	2.96	90	18	52	1	-9	7	74
146	11113575	1932	6	34	99	533	-0.07	-0.06	13	11	91	34	99	2.89	84	8	30	0	-2	0	66
	37304004	1932	13	86	1135	-237	-0.05	-0.02	-14	-11	99	86	1131	3.01	98	17	349	12	2	26	94
148	11105007	1926	8	68	996	445	-0.01	-0.01	16	14	99	68	995	3	98	18	156	-3	-3	3	89
	31113661	1926	8	46	806	67	0.09	0.04	13	7	99	45	804	2.98	98	21	298	0	-1	5	94
150	12114323	1924	5	40	326	487	-0.11	-0.05	6	11	97	40	325	3.04	94	4	4	1	2	1	33
151	11111516	1918	3	24	166	481	-0.12	-0.03	5	13	95	24	166	3.07	91	7	68	1	-1	5	80
	53210194 (37310026*)	1918	5	75	350	237	-0.10	-0.05	-2	2	97	75	349	3.03	94	19	32	2	9	1	63
153	37313035	1917	8	34	756	169	0.13	0.04	21	11	98	34	756	2.98	97	30	575	-3	-2	-1	96
154	11111506	1913	3	50	215	300	-0.05	-0.04	6	5	95	50	215	3	90	13	26	3	6	-5	65
	11112536	1913	3	44	138	-333	0.01	0.00	-12	-11	93	44	138	2.95	87	17	32	8	8	13	67

（续）

排名	牛号	CPI	女儿分布省数（个）	产奶性状 女儿分布场数（个）	女儿数（头）	产奶量（kg）	乳脂率（%）	乳蛋白率（%）	乳脂量（kg）	乳蛋白量（kg）	可靠性（%）	健康性状 女儿分布场数（个）	女儿数（头）	体细胞评分	可靠性（%）	体型性状 女儿分布场数（个）	女儿数（头）	体型总分	泌乳系统评分	肢蹄评分	可靠性（%）
156	12105280	1911	4	33	396	-26	-0.09	0.02	-11	1	98	33	395	2.96	96	20	134	5	9	1	87
157	11114613	1909	5	28	150	19	0.00	0.00	1	0	93	28	148	2.86	86	6	22	4	4	0	62
158	12109253	1907	4	22	464	-435	0.05	-0.07	-11	-23	98	22	462	3.03	96	16	131	14	11	16	88
159	13204377	1903	10	33	377	654	-0.08	0.00	16	22	97	33	377	2.97	95	14	72	-5	-6	-3	77
160	11103474	1899	10	40	455	69	0.04	0.01	7	3	97	40	454	3.05	96	4	5	1	5	0	33
161	11111512	1896	6	70	907	836	-0.23	-0.06	6	21	98	70	906	2.97	98	26	664	-4	-7	4	97
	11111615	1896	6	37	285	374	-0.26	-0.11	-14	0	96	37	285	3.08	92	14	29	7	8	6	66
163	11109530	1893	5	43	226	495	-0.07	-0.06	11	10	95	43	225	3.07	91	9	23	2	1	-4	59
164	37308052	1891	9	69	613	252	-0.05	0.00	5	8	98	69	612	2.96	96	18	89	-1	0	2	82
165	12113311	1890	6	42	109	486	0.09	-0.03	28	13	92	42	109	2.98	85	6	14	-5	-11	6	49
166	13205607	1886	7	51	878	-27	0.01	-0.04	0	-6	98	51	874	2.96	98	17	305	5	7	1	94
	31113219	1886	10	26	335	-4	0.01	0.03	1	4	97	26	335	2.92	95	14	84	0	2	2	83
168	31109546	1879	8	50	403	424	-0.23	0.00	-10	14	98	50	403	2.92	96	11	123	1	-3	5	86
169	31106500	1875	13	135	1570	-349	0.18	0.09	6	-2	99	135	1562	2.95	99	19	237	2	4	-1	93
170	31110279	1862	9	59	363	272	0.02	-0.07	12	1	97	59	363	3.03	95	15	77	0	-1	4	80
171	11111509	1861	5	58	284	-259	0.04	0.01	-6	-8	96	58	284	3.09	94	20	125	8	7	5	88
	11111529	1861	3	34	126	266	-0.05	-0.03	4	6	92	34	126	3.02	86	12	31	0	2	-2	67
173	11109522	1859	4	71	347	30	-0.01	-0.02	0	-2	97	71	346	2.99	94	13	72	5	4	-1	81
	11112530	1859	4	43	85	-221	-0.04	-0.08	-12	-17	90	43	85	3.01	82	18	30	10	7	13	65
175	11114616	1852	3	38	94	145	0.00	-0.02	6	3	91	38	93	2.95	84	10	23	-1	-1	2	62

（续）

排名	牛号	CPI	女儿分布省数（个）	产奶性状								健康性状				体型性状					
				女儿分布场数（个）	女儿数（头）	产奶量（kg）	乳脂率（%）	乳蛋白率（%）	乳脂量（kg）	乳蛋白量（kg）	可靠性（%）	女儿分布场数（个）	女儿数（头）	体细胞评分	可靠性（%）	女儿分布场数（个）	女儿数（头）	体型总分	泌乳系统评分	肢蹄评分	可靠性（%）
176	12113294	1846	6	30	100	327	0.06	0.02	18	13	92	30	100	3.03	86	7	22	-3	-5	-5	59
177	37308037	1845	7	48	402	616	-0.03	-0.02	20	18	97	48	395	3.01	94	14	147	-5	-3	-14	89
178	11111609	1843	8	50	452	-83	-0.02	-0.01	-6	-4	97	50	451	2.91	95	16	77	0	-1	13	81
	11111616	1843	8	57	1114	165	0.00	-0.07	7	-2	99	57	1112	2.99	98	28	852	1	0	3	97
180	11101906	1842	22	243	3758	174	-0.05	0.09	1	16	99	243	3754	2.98	99	50	719	-5	-1	-5	97
181	11109751	1837	8	71	691	497	-0.16	-0.04	1	12	98	71	691	3.04	97	27	281	-5	-4	6	94
182	13210147	1836	6	99	1353	80	-0.01	0.00	2	2	99	98	1347	2.96	98	40	591	2	1	-3	96
183	41115862	1833	3	20	78	337	-0.09	-0.04	2	7	89	20	78	2.96	79	6	81	-2	-4	4	81
184	11113556	1829	4	23	63	-522	0.08	-0.01	-11	-19	87	23	63	3.05	77	13	20	6	10	10	59
185	12111278	1828	6	70	366	736	-0.12	-0.03	15	21	97	69	365	2.95	95	24	60	-7	-7	-10	77
186	11111610	1827	10	43	154	88	-0.22	-0.07	-21	-5	93	43	154	2.87	88	21	70	5	5	4	81
187	11109648	1824	5	32	290	541	-0.10	-0.15	9	1	97	32	290	2.98	94	15	75	-4	-1	2	81
	37313024	1824	7	45	815	59	-0.06	-0.05	-5	-4	98	45	808	2.97	98	28	510	3	-4	14	96
189	11111527	1819	3	48	272	448	-0.24	0.00	-11	16	97	48	272	3	94	15	154	-2	-4	2	90
190	14114061	1816	5	19	78	-369	0.22	0.06	10	-5	89	19	78	3.02	80	7	19	1	-1	3	55
191	11110001	1815	5	36	494	249	0.01	-0.07	10	0	97	36	493	3.04	95	11	83	1	2	-7	83
192	37308055	1814	7	37	293	-121	-0.10	-0.04	-15	-8	96	37	293	2.97	93	8	33	6	4	6	66
	37313017	1814	9	51	947	-31	0.08	-0.02	8	-4	98	51	943	2.99	98	33	439	-1	0	2	95
194	11109663	1812	7	75	1049	399	-0.11	-0.05	2	8	99	75	1047	2.97	98	30	89	-2	4	-14	83
195	11115628	1811	5	24	359	80	0.03	-0.11	7	-10	97	24	357	2.98	94	8	419	1	4	-1	95

（续）

排名	牛号	CPI	女儿分布省数（个）	产奶性状								健康性状				体型性状					
				女儿分布场数（个）	女儿数（头）	产奶量（kg）	乳脂率（%）	乳蛋白率（%）	乳脂量（kg）	乳蛋白量（kg）	可靠性（%）	女儿分布场数（个）	女儿数（头）	体细胞评分	可靠性（%）	女儿分布场数（个）	女儿数（头）	体型总分	泌乳系统评分	肢蹄评分	可靠性（%）
	13313080	1811	7	39	633	-570	0.18	0.03	-2	-16	98	39	632	2.95	97	9	49	5	4	6	74
	37309014	1811	4	69	300	374	0.05	0.00	19	12	96	69	300	2.98	93	10	60	-9	-9	1	77
198	11109699	1810	3	33	283	575	-0.09	-0.08	12	10	97	33	283	3.01	95	16	204	-4	-3	-7	92
	37304014	1810	11	50	895	141	-0.12	-0.01	-8	4	98	50	895	2.95	98	18	69	3	-6	8	77
200	11102691	1808	7	122	696	-148	-0.08	0.03	-14	-2	98	122	694	2.98	97	14	20	5	6	-4	53
	31110562	1808	11	40	477	-684	0.11	0.07	-14	-16	97	40	476	2.94	96	13	158	7	9	2	90
202	11108672	1806	9	79	1340	69	-0.07	-0.06	-6	-5	99	79	1338	3.03	99	25	439	3	7	-4	96
203	11114633	1803	5	25	162	-346	0.03	0.00	-5	-12	93	25	159	2.82	87	8	42	2	3	2	73
204	11101914	1802	11	80	663	110	-0.10	0.00	-6	4	98	80	663	3.04	97	19	75	-3	-2	8	80
	11109665	1802	18	224	5247	0	0.04	0.06	5	7	99	223	5237	2.98	99	60	2445	-3	-4	-1	99
206	11109804	1800	12	131	2535	-140	0.03	0.05	3	1	99	131	2531	3.01	99	52	1055	-2	-2	3	98
207	11111603	1795	7	46	165	-167	-0.12	-0.02	-20	-9	94	46	165	2.97	89	18	44	7	3	8	71
208	11109745	1788	17	172	4768	461	-0.17	0.01	-2	16	99	172	4761	2.98	99	55	2267	-3	-3	-10	99
209	11101917	1782	18	393	8971	351	-0.02	-0.01	10	11	99	393	8963	3	99	74	1523	-5	-5	-7	98
	37311025	1782	5	33	146	-341	0.19	0.14	8	4	93	33	146	2.95	87	10	105	-3	-4	-4	85
211	12112283	1781	7	46	121	-240	0.03	0.00	-4	-8	93	46	120	3.03	89	9	13	5	3	-1	51
212	13203330	1778	13	92	1390	114	0.10	0.02	15	7	99	92	1386	2.99	98	42	419	-6	-9	1	95
213	13314083	1776	9	43	673	420	-0.08	-0.05	6	9	98	43	672	2.99	97	5	92	-5	-6	-2	84
	31115694	1776	8	19	188	-230	-0.08	0.01	-17	-6	95	19	187	2.99	91	10	53	5	4	1	75
215	11103838	1775	5	34	169	-6	0.03	0.04	3	4	95	34	169	3.02	90	8	38	-3	1	-8	70

（续）

排名	牛号	*CPI*	女儿分布省数（个）	产奶性状								健康性状				体型性状					
				女儿分布场数（个）	女儿数（头）	产奶量（kg）	乳脂率（%）	乳蛋白率（%）	乳脂量（kg）	乳蛋白量（kg）	可靠性（%）	女儿分布场数（个）	女儿数（头）	体细胞评分	可靠性（%）	女儿分布场数（个）	女儿数（头）	体型总分	泌乳系统评分	肢蹄评分	可靠性（%）
216	11102909	1774	12	99	1416	34	0.03	0.08	4	10	99	99	1416	3.03	99	33	487	-4	-4	-5	96
217	37307017	1774	3	74	240	-464	-0.02	-0.05	-20	-21	95	74	238	2.96	91	31	79	8	3	16	80
218	11114635	1772	4	27	72	-452	0.25	-0.01	10	-17	89	27	72	3.02	82	13	41	4	4	-3	72
219	11109012	1771	13	108	1008	191	0.16	-0.08	26	-2	99	108	1004	3	98	31	612	-5	-8	0	97
220	11105467	1770	13	42	356	103	-0.03	0.02	1	6	97	42	356	3.05	94	7	32	-5	-1	-3	63
	13210240	1770	6	99	866	34	0.00	0.01	2	3	98	99	858	2.97	97	50	573	-2	-3	-3	96
222	11101929	1769	14	183	4161	502	-0.18	0.02	-2	19	99	183	4158	2.96	99	54	1080	-8	-7	-5	98
223	13204080	1767	4	39	773	443	-0.01	-0.05	15	9	98	39	773	3.05	97	13	126	-8	-7	-2	86
224	11117606	1766	6	27	407	-495	0.06	-0.03	-13	-20	97	27	400	2.98	94	10	331	5	7	6	94
225	13203832	1764	10	69	849	-71	0.08	0.09	7	9	98	69	847	3.01	98	36	351	-5	-3	-9	94
226	37314040	1759	15	63	1585	36	-0.04	-0.03	-3	-2	99	63	1574	2.97	99	32	529	-2	-2	2	96
227	11109597	1755	9	54	713	33	-0.04	-0.04	-3	-4	98	54	708	2.99	97	16	191	-1	-3	5	91
	37304018	1755	8	47	536	8	0.06	-0.02	7	-2	98	47	535	2.95	96	19	145	-1	-3	-5	87
229	31112232	1754	11	34	636	-188	0.04	0.03	-3	-3	98	34	634	3.04	97	16	264	1	2	-5	93
230	11108549	1747	10	77	1106	-149	-0.02	-0.05	-7	-11	99	77	1104	3.07	98	20	291	1	-2	13	94
231	37311007	1742	5	26	616	141	-0.16	0.01	-12	6	98	26	615	2.98	97	16	188	2	6	-21	91
232	13210146	1732	5	83	800	-245	0.01	0.03	-9	-4	98	83	794	2.98	97	30	349	2	-2	0	95
233	13203679	1731	12	81	870	-19	0.13	0.04	14	3	98	80	866	2.97	98	31	201	-5	-12	2	90
234	11106002	1727	22	274	4797	444	-0.08	-0.06	7	8	99	274	4791	2.99	99	42	806	-7	-9	-2	97
235	31109542	1726	6	62	220	-339	-0.09	-0.02	-23	-14	96	62	219	2.99	92	13	70	5	6	2	81

（续）

排名	牛号	CPI	女儿分布省数（个）	产奶性状								健康性状				体型性状					
				女儿分布场数（个）	女儿数（头）	产奶量（kg）	乳脂率（%）	乳蛋白率（%）	乳脂量（kg）	乳蛋白量（kg）	可靠性（%）	女儿分布场数（个）	女儿数（头）	体细胞评分	可靠性（%）	女儿分布场数（个）	女儿数（头）	体型总分	泌乳系统评分	肢蹄评分	可靠性（%）
236	11199821	1724	15	201	3127	-11	-0.10	0.00	-12	0	99	201	3123	2.97	99	34	414	-4	-2	2	95
237	13204748	1722	11	107	1898	220	-0.28	-0.08	-22	-1	99	107	1895	2.99	99	36	863	2	2	-3	97
238	31109289	1721	14	126	2464	-166	-0.12	0.02	-19	-3	99	126	2458	2.99	99	34	886	1	2	-2	98
239	11109571	1718	15	102	1002	203	-0.06	-0.04	1	2	99	102	1001	3.02	98	26	217	-2	-5	-4	92
240	11104849	1716	11	96	1574	188	-0.17	-0.09	-12	-4	99	96	1572	3.04	99	32	434	1	-1	1	96
241	11111503	1711	7	69	1129	140	-0.03	-0.10	2	-7	99	69	1124	3	98	28	801	-3	-5	4	97
242	11114626	1710	8	48	377	-351	0.03	-0.01	-5	-13	97	48	377	3.06	94	6	203	2	-1	5	92
	13210224	1710	8	94	830	86	-0.03	-0.03	-5	0	98	93	820	2.97	97	45	431	-3	-4	-2	96
244	11102910	1708	16	291	3738	191	-0.13	0.01	-12	7	99	291	3734	2.99	99	72	821	-3	-6	-1	97
	11102912	1708	19	327	4748	-61	0.03	0.05	7	4	99	327	4741	2.97	99	79	827	-6	-7	-6	97
	11110545	1708	4	41	236	-245	0.03	-0.06	-6	-15	95	41	236	3.01	92	12	63	1	1	3	80
247	11109567	1705	12	124	1958	-169	0.02	0.10	-4	6	99	124	1956	2.99	99	33	780	-4	-4	-8	97
248	11110650	1704	4	35	185	-104	-0.03	0.00	-14	-4	94	35	185	2.99	89	4	36	-2	-3	5	67
249	31111259	1698	9	21	339	-255	0.05	0.05	-4	-3	97	21	337	2.98	94	10	63	-1	-4	-3	79
250	11106005	1693	7	34	197	-93	0.05	0.04	3	1	95	34	196	3.03	91	11	32	-3	-6	-5	63
251	31113663	1689	11	37	176	-195	0.12	0.03	5	-4	95	37	176	2.93	90	10	36	-6	-4	-6	67
	37310027	1689	10	107	824	-152	0.11	0.00	7	-6	98	107	822	2.92	98	21	211	-5	-2	-10	92
253	11109722	1682	10	58	756	459	-0.08	-0.08	8	7	98	58	756	3.1	98	34	439	-7	-12	1	96
254	11110528	1681	4	63	449	-345	-0.01	-0.01	-14	-13	97	63	449	3.01	95	12	46	2	2	-1	74
255	31111602	1680	7	38	127	53	-0.05	-0.06	-4	-5	92	38	126	3	86	9	38	-3	0	-8	70

（续）

排名	牛号	*CPI*	女儿分布省数（个）	产奶性状								健康性状				体型性状					
				女儿分布场数（个）	女儿数（头）	产奶量（kg）	乳脂率（%）	乳蛋白率（%）	乳脂量（kg）	乳蛋白量（kg）	可靠性（%）	女儿分布场数（个）	女儿数（头）	体细胞评分	可靠性（%）	女儿分布场数（个）	女儿数（头）	体型总分	泌乳系统评分	肢蹄评分	可靠性（%）
256	41116814	1676	4	25	181	-137	-0.16	-0.15	-23	-23	94	25	179	2.93	88	4	7	5	5	3	40
257	11109518	1674	11	142	2058	22	-0.09	-0.04	-10	-4	99	142	2055	3.02	99	43	992	-2	-3	-1	98
	11113660	1674	8	29	116	-97	-0.17	-0.13	-23	-18	92	29	116	3.04	85	17	187	1	6	4	91
259	11111515	1666	3	29	245	-88	-0.06	-0.04	-10	-8	96	29	245	2.99	93	17	191	-2	-6	6	91
260	11109708	1663	7	51	757	-435	0.05	0.04	-11	-10	98	51	754	3.02	98	23	279	1	0	-4	94
261	11110724	1662	3	41	398	-754	0.15	0.01	-12	-25	97	41	397	3	95	14	125	2	6	0	88
262	37313037	1661	6	23	710	-75	-0.35	-0.04	-41	-7	98	23	709	2.97	97	24	704	3	-2	11	97
263	11104701	1660	15	87	1020	-298	0.09	0.07	-2	-2	99	87	1018	3.02	98	24	309	-6	-5	-3	94
264	11109576	1659	3	39	375	-270	0.00	0.01	-11	-8	97	39	375	3.01	96	21	278	0	1	-8	94
265	11111608	1657	7	64	340	-152	-0.07	0.00	-13	-5	97	64	340	2.97	95	24	221	-4	-4	1	92
266	31109292	1650	13	87	2833	-323	0.03	0.00	-9	-11	99	87	2826	2.94	99	19	1018	-1	-2	-4	98
267	12114327	1640	4	35	312	-273	-0.17	-0.07	-30	-18	97	35	309	3.12	94	5	26	5	5	4	63
268	37311001	1638	4	39	242	10	-0.01	-0.01	-1	-1	96	39	241	2.97	92	12	45	-7	-5	-9	72
269	11109669	1633	7	56	566	26	-0.11	-0.07	-11	-7	98	56	566	3.02	97	29	234	-3	-4	-1	93
270	31109543	1620	13	65	2167	-420	-0.07	-0.06	-24	-22	99	65	2167	2.97	99	22	734	2	3	2	97
271	11113578	1606	7	33	105	-169	0.00	-0.03	-6	-9	91	33	104	3.09	84	8	24	-3	-2	-7	63
272	31109295	1603	9	36	1059	-447	-0.01	0.00	-18	-15	99	36	1053	3	98	9	95	-2	-2	2	83
273	11196529	1600	14	191	2521	-552	-0.03	0.00	-24	-19	99	191	2520	2.94	99	30	300	-2	1	2	94
274	31116159	1598	7	18	187	-689	0.16	-0.04	-9	-28	94	18	183	2.88	87	8	105	2	0	-3	85
275	37314052	1595	9	34	452	-517	0.05	-0.04	-15	-22	97	34	451	2.95	95	20	507	-2	-3	6	96
276	12111268	1594	8	59	178	-31	0.04	-0.02	3	-4	95	58	177	2.96	91	24	57	-10	-6	-11	76
277	37310037	1591	6	85	447	-190	-0.01	0.02	-8	-4	98	85	445	3.04	96	23	193	-6	-9	0	91

（续）

排名	牛号	CPI	女儿分布省数（个）	产奶性状								健康性状				体型性状					
				女儿分布场数（个）	女儿数（头）	产奶量（kg）	乳脂率（%）	乳蛋白率（%）	乳脂量（kg）	乳蛋白量（kg）	可靠性（%）	女儿分布场数（个）	女儿数（头）	体细胞评分	可靠性（%）	女儿分布场数（个）	女儿数（头）	体型总分	泌乳系统评分	肢蹄评分	可靠性（%）
278	11104296	1588	7	41	326	-808	-0.02	0.10	-33	-16	97	41	323	2.97	94	5	12	3	2	-3	47
279	11109547	1587	5	35	260	-230	-0.06	-0.03	-16	-11	96	35	259	3.05	93	15	137	-2	-2	-4	89
280	11104114	1584	14	149	2137	-71	-0.03	-0.03	-6	-6	99	149	2135	3.01	99	43	598	-6	-7	-5	97
281	11108793	1575	8	69	644	-283	0.02	-0.03	-8	-13	98	69	643	3.06	97	15	69	-4	-4	-3	80
282	53214195	1571	5	21	138	-451	-0.03	0.11	-20	-3	93	21	138	3.01	86	22	174	-6	-6	-3	90
	(37314061*)																				
283	11109703	1530	8	73	1227	-326	0.11	-0.02	0	-13	99	73	1227	2.98	98	33	236	-6	-3	-18	93
284	11110572	1529	4	47	346	-136	-0.03	-0.10	-14	-16	97	47	345	3	94	19	111	-6	-6	0	86
285	11106003	1502	11	70	856	-314	0.03	0.02	-9	-9	98	70	851	3.04	98	23	176	-6	-9	-8	90
286	11100260	1492	17	180	2310	-515	-0.03	-0.07	-28	-26	99	180	2308	3.03	99	41	681	-2	-1	2	97
287	11102716	1485	12	96	766	-177	0.07	-0.05	0	-12	98	96	765	3.02	98	14	66	-11	-13	-2	79
288	31111601	1480	7	26	80	-372	0.01	-0.12	-13	-27	89	26	80	3.02	80	9	20	-5	-2	-4	57
289	11109563	1473	3	29	336	-811	-0.14	0.00	-45	-28	96	29	336	2.99	94	14	188	1	1	4	91
290	11108813	1472	6	66	652	-435	-0.09	-0.02	-26	-17	98	66	652	2.97	97	20	300	-4	-4	-7	94
291	11111601	1468	7	52	345	-600	-0.05	-0.07	-28	-29	97	52	345	3	95	20	183	0	-2	0	91
292	13203763	1456	6	38	432	-519	-0.11	0.02	-31	-16	97	38	432	3.01	96	12	54	-3	-9	2	72
293	11108541	1451	8	54	520	-329	-0.14	-0.10	-27	-22	98	54	520	3.05	96	27	297	-3	-7	3	94
294	11111505	1367	8	93	1137	-891	0.14	0.02	-18	-28	99	93	1134	3.01	98	31	590	-9	-7	-5	97
295	11104676	1337	10	32	333	-502	-0.23	-0.01	-43	-18	97	32	333	2.91	94	6	62	-11	-10	-1	78
296	11104940	1321	6	37	563	-187	-0.25	-0.13	-35	-22	98	37	563	3.08	97	16	153	-7	-11	0	89
297	11104943	1147	9	38	358	-1104	0.00	-0.03	-42	-41	97	38	358	3.04	95	13	186	-8	-10	-5	91

注：* 表示种公牛的曾用牛号。

2.4 青年公牛基因组估计育种值

表 2－4－1 按照表中展示 GCPI 数值有效位，GCPI 相同的种公牛共享一个排名，并按照牛号依次排序。

表 2－4－1 青年公牛各性状基因组估计育种值及综合指数（*GCPI*）值

排名	牛号	*GCPI*	产奶量		乳脂率		乳蛋白率		乳脂量		乳蛋白量		体细胞评分		体型总分		泌乳系统评分		肢蹄评分	
			GEBV (kg)	r^2 (%)	*GEBV* (%)	r^2 (%)	*GEBV* (%)	r^2 (%)	*GEBV* (kg)	r^2 (%)	*GEBV* (kg)	r^2 (%)	*GEBV*	r^2 (%)	*GEBV*	r^2 (%)	*GEBV*	r^2 (%)	*GEBV*	r^2 (%)
1	37321076	2829	1571	71	0.41	75	0.22	78	76	69	56	69	2.34	65	9	67	8	67	2	75
2	15520017	2817	1279	72	0.30	76	0.33	79	58	70	59	70	1.62	66	7	68	8	68	2	76
3	11122619	2804	1699	72	0.16	76	0.07	78	61	70	49	70	1.65	66	11	68	8	68	6	75
4	13121005	2789	2304	65	-0.01	71	0.14	74	72	63	67	62	2.23	57	2	61	5	60	-3	70
	37321048	2789	982	71	0.62	75	0.28	78	73	69	49	69	1.81	65	7	67	7	67	4	75
6	37321044	2778	868	71	0.70	75	0.29	78	76	70	47	69	1.55	66	7	68	7	68	0	75
7	37321095	2772	1771	72	0.64	76	0.17	79	90	70	58	70	2.31	66	1	68	3	68	-2	76
8	31121330	2758	1096	70	0.54	75	0.24	77	75	68	49	68	1.39	64	3	66	2	66	4	74
9	37321097	2757	1831	71	0.37	75	0.13	78	80	70	58	69	2.30	65	2	68	5	67	-1	75
10	41121802	2752	1554	70	0.31	75	0.13	78	69	68	52	68	2.01	64	5	66	5	66	5	74
11	13121079	2738	1521	70	0.41	74	0.28	77	77	68	61	68	2.34	64	2	66	3	66	-2	74
12	37321099	2721	1054	71	0.56	75	0.21	78	72	70	47	69	1.71	65	5	68	5	67	1	75
13	37321078	2720	1594	71	0.48	76	0.23	79	82	70	58	70	2.09	66	0	68	2	68	-5	76
14	15520032	2713	1712	70	0.39	75	0.13	78	75	69	51	68	1.77	64	3	66	4	66	-2	75
	37321096	2713	1432	71	0.52	75	0.23	78	76	70	56	69	2.32	65	2	68	4	67	-1	75
16	11122611	2709	2029	69	-0.13	74	0.01	77	55	68	54	67	2.09	63	8	65	7	65	2	73
17	37321100	2708	1817	71	0.37	75	0.18	78	79	69	60	69	2.48	65	1	67	4	67	-7	75
18	15522004	2705	1274	70	0.25	74	0.14	77	61	68	48	68	1.56	64	4	66	5	65	3	74

（续）

排名	牛号	GCPI	产奶量		乳脂率		乳蛋白率		乳脂量		乳蛋白量		体细胞评分		体型总分		泌乳系统评分		肢蹄评分	
			GEBV (kg)	r^2 (%)	GEBV (%)	r^2 (%)	GEBV (%)	r^2 (%)	GEBV (kg)	r^2 (%)	GEBV (kg)	r^2 (%)	GEBV	r^2 (%)	GEBV	r^2 (%)	GEBV	r^2 (%)	GEBV	r^2 (%)
19	13120447	2699	1878	70	0.20	75	-0.03	78	70	69	46	69	1.90	65	5	67	5	67	2	75
	41121809	2699	1293	71	0.49	75	0.18	78	77	69	50	69	1.63	65	2	67	1	67	1	75
21	13120419	2698	1812	74	0.28	78	0.04	80	75	73	51	72	2.23	68	4	70	4	70	-1	77
22	37321013	2696	2034	74	0.06	78	0.10	80	66	72	59	72	2.69	68	4	71	3	70	2	77
	41121805	2696	902	71	0.49	76	0.20	79	67	70	44	69	1.53	65	6	68	6	67	-1	75
24	13120439	2695	1354	70	0.28	74	0.11	77	65	68	44	68	1.98	64	9	67	6	66	3	74
	31119377	2695	1849	73	0.18	78	0.12	80	63	72	54	71	1.60	67	2	70	4	70	-3	77
26	13121093	2694	1569	69	0.22	73	0.17	76	64	67	54	67	2.35	63	6	65	4	65	3	73
27	13121045	2693	1385	70	0.28	75	0.18	78	63	69	50	69	1.77	64	6	67	4	67	2	75
28	31121228	2692	1678	69	0.21	73	0.16	77	68	67	56	67	2.28	62	3	65	2	64	2	73
29	41120834	2689	1358	72	0.38	76	0.16	79	72	70	48	70	2.16	66	6	69	5	68	-1	76
30	11122615	2687	1658	67	-0.05	72	0.07	76	51	66	50	65	2.06	60	8	63	9	63	2	72
	15522005	2687	1161	71	0.33	75	0.21	78	63	69	51	69	2.13	65	6	67	5	67	2	75
	31121229	2687	1127	72	0.29	76	0.09	78	60	70	41	70	1.36	66	7	68	9	68	-1	75
33	37322006	2686	1710	70	0.28	75	0.18	78	70	69	56	68	2.01	64	1	67	1	66	0	74
34	13121927	2685	1147	69	0.20	74	0.21	77	52	68	49	67	1.80	63	8	66	7	65	2	74
35	13120435	2681	1929	71	0.17	76	-0.04	79	68	70	45	70	2.04	66	7	68	7	68	1	76
36	15522001	2680	1943	70	0.18	74	0.07	77	73	69	56	68	1.94	64	0	67	-2	66	2	74
37	11119688	2678	1330	74	0.40	78	0.07	81	70	73	42	72	1.79	68	6	71	3	70	7	78
38	31121341	2674	1597	70	0.41	75	0.09	77	75	69	49	68	2.19	64	2	67	1	67	5	74
39	11122625	2673	1443	68	0.26	73	0.13	76	66	67	49	66	1.40	62	2	64	3	64	-3	73
40	15522007	2667	1392	69	0.17	73	0.10	76	55	67	46	67	1.80	63	6	65	6	65	4	73

（续）

排名	牛号	GCPI	产奶量		乳脂率		乳蛋白率		乳脂量		乳蛋白量		体细胞评分		体型总分		泌乳系统评分		肢蹄评分	
			GEBV (kg)	r^2 (%)	GEBV (%)	r^2 (%)	GEBV (%)	r^2 (%)	GEBV (kg)	r^2 (%)	GEBV (kg)	r^2 (%)	GEBV	r^2 (%)	GEBV	r^2 (%)	GEBV	r^2 (%)	GEBV	r^2 (%)
41	13120437	2665	1571	73	0.35	77	0.08	80	72	72	47	71	1.87	67	3	69	3	69	-1	77
42	15522009	2664	1178	67	0.25	72	0.18	75	60	66	49	66	1.88	62	4	64	4	63	4	71
43	31118136	2657	1806	76	0.04	80	0.07	83	53	75	53	75	2.22	71	7	73	7	73	-2	80
44	11122613	2656	1715	72	0.02	76	0.05	79	55	71	50	70	1.95	67	6	69	6	69	0	76
	15521002	2656	781	71	0.59	75	0.22	78	66	69	41	69	1.81	65	6	67	7	67	-1	75
46	37321093	2655	448	69	0.75	74	0.31	77	67	67	41	67	1.51	63	3	65	4	65	3	73
47	41121806	2650	1262	70	0.25	74	0.17	77	57	68	47	68	1.93	64	7	66	6	66	-1	74
48	13121925	2649	1704	70	0.25	74	0.09	77	70	68	51	68	2.29	64	4	66	0	66	3	74
	41121815	2649	1041	71	0.70	76	0.25	79	80	70	49	69	1.84	65	-1	68	2	68	-6	76
50	13121903	2648	1167	71	0.63	75	0.22	78	78	69	49	69	2.06	65	1	67	3	67	-5	75
51	15520024	2647	1556	72	0.20	76	0.13	79	63	70	50	70	2.02	66	4	69	2	69	3	77
52	15520010	2645	1484	72	0.36	76	0.09	79	68	70	44	70	1.71	66	4	68	4	68	-1	76
53	13121099	2644	1062	73	0.68	77	0.20	79	80	71	47	71	1.87	67	-1	69	0	69	0	76
54	15522003	2643	1472	70	0.17	74	0.12	77	58	68	48	68	1.64	64	4	66	5	66	-1	74
	37320067	2643	1039	67	0.44	72	0.13	75	69	65	43	64	1.93	59	5	63	4	62	1	72
	37321046	2643	1521	71	0.28	76	0.12	79	68	70	50	69	2.07	65	3	68	4	67	-3	75
57	11122621	2641	1698	71	0.04	76	-0.03	78	56	70	45	69	1.99	66	8	68	7	68	1	75
	13121053	2641	1355	69	0.32	74	0.20	77	64	68	50	67	1.99	63	3	66	2	65	2	74
59	11121660	2640	1204	70	0.46	75	0.03	78	69	69	38	68	1.73	64	4	67	5	66	4	74
60	11116695	2639	888	80	0.38	83	0.16	85	53	79	37	78	1.97	75	10	77	10	77	6	83
	15519023	2639	1688	73	0.18	77	0.13	80	63	71	54	71	2.10	67	3	69	4	69	-5	77
	37321101	2639	1356	72	0.23	76	0.17	79	62	70	51	70	1.86	66	3	68	1	68	0	76

（续）

排名	牛号	GCPI	产奶量		乳脂率		乳蛋白率		乳脂量		乳蛋白量		体细胞评分		体型总分		泌乳系统评分		肢蹄评分	
			GEBV (kg)	r^2 (%)	GEBV (%)	r^2 (%)	GEBV (%)	r^2 (%)	GEBV (kg)	r^2 (%)	GEBV (kg)	r^2 (%)	GEBV	r^2 (%)	GEBV	r^2 (%)	GEBV	r^2 (%)	GEBV	r^2 (%)
63	11121658	2638	1064	69	0.37	74	0.19	77	58	68	43	67	1.93	63	6	65	5	65	5	73
64	15521020	2636	1354	67	0.22	72	0.14	75	63	66	49	65	2.03	61	4	64	3	63	0	72
65	31121343	2634	1335	71	0.21	75	0.20	78	52	70	49	69	1.68	65	5	68	2	67	4	75
66	11121659	2632	1172	69	0.49	74	0.07	77	70	67	39	67	1.76	63	4	65	4	65	3	73
	37321047	2632	1302	71	0.34	75	0.07	78	67	69	43	69	1.59	64	3	67	4	66	-2	75
68	11118606	2631	1309	77	0.34	81	0.04	83	63	75	39	75	2.29	71	8	72	6	72	7	79
69	37319049	2630	1722	71	-0.11	76	0.12	79	45	70	56	69	2.43	65	7	68	6	68	2	75
	41121819	2630	1146	71	0.23	75	0.17	78	51	69	45	69	2.06	65	8	67	8	67	1	75
71	41121813	2629	1156	68	0.17	73	0.12	76	49	67	42	66	2.14	62	8	65	9	64	6	73
72	13119162	2625	1429	72	0.40	77	0.07	80	67	71	44	71	2.00	67	5	69	5	68	-1	76
73	14119345	2624	1387	74	0.21	78	0.00	80	59	72	39	72	2.02	68	8	70	7	70	2	77
74	11115632	2623	1868	91	0.04	93	0.04	95	54	90	49	90	3.21	87	8	90	8	90	9	94
	15522008	2623	1019	69	0.22	74	0.19	77	50	68	45	67	1.53	63	5	66	3	65	5	74
76	13120423	2622	1479	70	0.16	75	0.02	78	60	69	40	68	2.08	64	8	67	6	67	3	75
77	13119118	2619	1545	73	0.23	77	0.05	80	62	71	44	71	1.84	67	3	69	4	69	1	77
	15520023	2619	1015	73	0.51	77	0.21	80	66	71	45	71	1.91	67	3	69	2	69	1	77
	37319072	2619	430	73	0.70	77	0.25	80	70	72	37	71	1.83	68	5	70	3	70	4	77
80	15520006	2618	605	71	0.58	76	0.17	78	68	70	36	69	1.57	65	6	68	5	67	0	75
	31120368	2618	541	72	0.58	76	0.28	78	58	70	39	70	2.14	66	8	69	5	68	9	76
82	37322022	2617	1355	73	0.36	77	0.09	80	68	71	46	71	1.72	67	1	69	3	69	-4	77
83	15522006	2615	1489	69	0.03	73	0.07	77	52	67	46	66	1.76	62	6	65	4	64	3	73
84	37320118	2613	1274	71	0.17	76	0.06	79	54	70	40	69	1.93	65	8	68	7	67	3	75

（续）

排名	牛号	GCPI	产奶量		乳脂率		乳蛋白率		乳脂量		乳蛋白量		体细胞评分		体型总分		泌乳系统评分		肢蹄评分	
			GEBV (kg)	r^2 (%)	GEBV (%)	r^2 (%)	GEBV (%)	r^2 (%)	GEBV (kg)	r^2 (%)	GEBV (kg)	r^2 (%)	GEBV	r^2 (%)	GEBV	r^2 (%)	GEBV	r^2 (%)	GEBV	r^2 (%)
85	11122620	2611	1438	70	0.47	74	0.14	77	75	68	49	68	2.02	64	0	66	-2	66	1	74
	15521008	2611	1185	73	0.44	78	0.18	80	69	72	45	72	1.83	68	2	70	-1	70	3	77
	37321045	2611	1567	73	0.16	77	0.11	80	61	72	50	72	1.79	68	0	70	3	70	-3	77
88	13120441	2610	1378	70	0.17	74	0.03	77	55	68	39	68	1.82	64	6	66	7	66	2	74
	37321008	2610	1333	71	0.30	76	0.10	78	62	70	42	69	1.75	65	4	68	5	67	-2	75
90	65116314	2609	1604	78	-0.20	82	0.05	84	31	77	44	76	1.80	73	10	75	10	75	4	82
91	13119176	2608	1436	74	0.44	78	0.03	81	70	72	40	72	1.90	68	3	70	4	70	0	77
	15519009	2608	1892	75	0.20	79	0.04	81	64	74	48	73	1.90	70	1	72	2	72	0	79
93	11122605	2607	1422	70	-0.05	74	0.16	77	46	68	50	68	2.05	64	6	66	6	66	0	74
	13121085	2607	1422	70	0.23	75	0.15	77	63	69	52	68	2.11	64	1	67	3	66	-4	74
	37321067	2607	1494	70	0.41	74	0.15	77	73	68	50	68	1.94	64	0	66	-1	66	-3	74
96	13119108	2606	1573	75	0.18	79	0.03	82	62	73	44	73	1.94	69	4	71	6	71	-3	79
97	11121656	2605	1126	70	0.38	74	0.07	77	64	69	38	68	1.83	64	6	67	2	66	6	74
98	31121340	2604	1761	71	0.14	76	0.11	78	64	70	55	70	2.28	66	1	68	2	68	-4	75
99	13121029	2599	1282	72	0.41	77	0.11	80	71	71	44	71	1.71	67	2	69	0	69	-1	77
100	15519004	2598	1465	72	0.15	76	0.09	79	51	70	45	70	1.97	66	5	68	4	68	3	76
	37320112	2598	1359	74	0.56	78	0.17	81	82	72	50	72	2.62	68	-1	70	0	70	-2	78
102	37321111	2597	1425	72	0.55	76	0.14	79	82	70	51	70	2.03	66	-3	69	-4	68	-1	76
103	11120602	2596	806	73	0.54	77	0.18	79	70	71	41	71	1.94	67	4	69	2	69	1	76
104	13121087	2595	595	72	0.61	76	0.28	79	66	71	42	70	1.65	67	1	69	2	69	0	76
105	13121285	2594	839	72	0.43	76	0.19	79	59	71	40	70	2.01	67	5	69	5	69	3	76
	41121804	2594	1063	70	0.51	75	0.14	78	67	69	43	68	2.04	64	2	66	4	66	0	74

（续）

排名	牛号	GCPI	产奶量		乳脂率		乳蛋白率		乳脂量		乳蛋白量		体细胞评分		体型总分		泌乳系统评分		肢蹄评分	
			GEBV (kg)	r^2 (%)	GEBV (%)	r^2 (%)	GEBV (%)	r^2 (%)	GEBV (kg)	r^2 (%)	GEBV (kg)	r^2 (%)	GEBV	r^2 (%)	GEBV	r^2 (%)	GEBV	r^2 (%)	GEBV	r^2 (%)
107	37321110	2592	980	71	0.53	76	0.20	79	71	70	45	69	1.44	65	-1	68	-3	68	0	76
108	11122601	2591	1175	70	0.28	74	0.12	77	60	69	43	68	2.16	64	5	67	3	66	4	74
	13119160	2591	1416	73	0.23	78	0.20	81	53	72	50	71	2.01	67	2	70	2	70	3	78
110	11121655	2590	802	71	0.63	75	0.15	78	69	70	37	69	1.86	66	4	68	2	67	4	75
	15520025	2590	1084	73	0.39	77	0.13	80	62	72	42	71	2.02	68	4	70	3	70	3	77
112	15520022	2589	2059	73	-0.07	77	-0.02	79	60	71	51	71	2.45	67	3	69	3	69	-1	77
113	37318045	2588	1369	73	0.22	78	0.07	81	61	72	42	72	2.07	68	5	70	7	70	-4	78
114	41120833	2587	1197	72	0.36	76	0.13	79	62	71	43	70	2.08	67	3	69	1	69	6	76
115	11118631	2586	1207	72	0.03	76	0.03	79	47	70	40	70	1.98	66	9	69	8	68	1	76
116	41121822	2584	1071	70	0.14	74	0.11	77	47	68	40	68	1.79	64	6	66	6	66	4	74
117	31120370	2583	1406	73	0.37	77	0.07	80	74	71	45	71	2.27	67	1	69	1	69	-1	77
	37321091	2583	867	71	0.59	75	0.13	78	70	69	39	69	1.32	65	0	67	-1	67	1	75
	41118861	2583	1621	75	0.14	79	0.00	81	56	73	40	73	2.28	69	8	72	6	71	3	78
	41120827	2583	965	73	0.46	77	0.16	79	65	71	40	71	2.23	67	4	69	5	69	1	76
121	13121055	2582	1167	69	0.31	74	0.14	77	62	68	45	67	2.11	63	4	66	2	65	2	74
	41118845	2582	2570	73	-0.36	77	-0.11	80	48	71	54	71	2.25	67	3	70	0	69	6	77
123	13121297	2581	824	72	0.27	76	0.17	79	52	71	39	70	1.85	67	7	69	5	69	4	76
	37319007	2581	1509	74	0.41	78	0.14	81	73	72	47	72	1.98	68	0	70	3	70	-9	78
	37321009	2581	1164	71	0.53	75	0.13	78	69	69	40	69	2.00	65	3	67	4	67	-2	75
126	11121657	2580	789	70	0.49	74	0.13	77	59	68	36	68	1.78	64	5	66	4	66	6	74
127	41121821	2577	1317	75	0.43	79	0.09	81	71	73	44	73	2.05	69	2	72	-2	71	3	79
128	41121820	2576	905	68	0.19	73	0.18	76	51	67	45	66	1.73	62	4	64	1	64	5	73

（续）

排名	牛号	GCPI	产奶量		乳脂率		乳蛋白率		乳脂量		乳蛋白量		体细胞评分		体型总分		泌乳系统评分		肢蹄评分	
			GEBV (kg)	r^2 (%)	GEBV (%)	r^2 (%)	GEBV (%)	r^2 (%)	GEBV (kg)	r^2 (%)	GEBV (kg)	r^2 (%)	GEBV	r^2 (%)	GEBV	r^2 (%)	GEBV	r^2 (%)	GEBV	r^2 (%)
129	13121271	2575	1628	69	0.13	74	-0.02	77	54	67	39	66	1.60	62	4	64	8	64	-5	73
	37319068	2575	1661	75	0.10	79	0.07	82	56	74	48	73	2.16	70	2	72	5	71	-3	79
131	31118135	2573	915	75	0.18	79	0.13	82	42	74	39	73	1.54	69	7	72	7	72	1	79
	31121335	2573	765	70	0.37	75	0.09	78	55	69	33	69	1.20	65	5	67	4	67	3	75
	37320105	2573	941	74	0.40	78	0.20	81	61	72	43	72	2.07	68	4	71	4	70	-2	78
134	11122607	2571	1443	71	0.04	76	0.06	78	52	70	45	70	2.10	66	5	68	5	68	1	75
135	37321079	2570	831	70	0.41	75	0.26	77	60	69	45	68	1.90	65	2	67	4	66	-3	74
136	15521013	2569	982	72	0.56	76	0.18	79	67	70	41	70	1.87	66	1	69	3	68	-3	76
	64220612	2569	1109	72	0.21	76	0.09	79	49	71	38	70	1.71	66	6	69	7	68	0	76
	11120612*																			
138	37322037	2568	1157	71	0.39	75	0.15	78	62	70	43	69	1.62	65	0	68	3	67	-3	75
139	15520007	2566	747	73	0.53	77	0.11	79	67	72	35	71	1.94	68	5	70	5	70	-1	77
	37320117	2566	982	69	0.44	74	0.17	77	64	68	40	68	2.33	63	4	66	2	65	6	74
141	11122623	2565	1118	73	0.41	77	0.07	80	64	72	38	71	1.95	68	3	70	2	70	5	77
	15521026	2565	1048	72	0.51	76	0.11	79	71	71	40	70	1.95	67	3	69	-2	69	5	76
143	15521009	2564	709	71	0.70	75	0.29	78	71	69	42	69	2.16	65	1	67	2	67	-1	75
144	13121281	2562	957	71	0.44	75	0.12	78	61	69	38	69	1.93	65	4	67	4	67	1	75
145	11118637	2561	1360	77	0.06	80	0.10	83	45	75	46	75	1.62	71	4	74	4	74	-2	81
	41120830	2561	644	73	0.55	77	0.16	79	63	71	35	71	1.98	67	4	69	5	69	3	76
147	31121334	2559	1491	71	0.17	75	0.05	78	63	69	47	69	2.12	65	2	67	3	67	-4	75
	31121337	2559	1069	67	0.31	72	0.13	75	60	65	44	65	1.96	60	2	63	4	63	-5	72
149	13119134	2556	1217	72	0.21	76	0.10	79	52	70	41	70	1.75	65	4	68	5	67	-1	76

（续）

排名	牛号	GCPI	产奶量		乳脂率		乳蛋白率		乳脂量		乳蛋白量		体细胞评分		体型总分		泌乳系统评分		肢蹄评分	
			GEBV (kg)	r^2 (%)	GEBV (%)	r^2 (%)	GEBV (%)	r^2 (%)	GEBV (kg)	r^2 (%)	GEBV (kg)	r^2 (%)	GEBV	r^2 (%)	GEBV	r^2 (%)	GEBV	r^2 (%)	GEBV	r^2 (%)
	37320081	2556	1102	73	0.51	78	0.15	80	72	72	42	72	2.05	68	2	70	2	70	-6	78
151	13119142	2555	645	74	0.56	78	0.27	81	58	72	41	72	1.50	68	2	70	2	70	-2	77
	31120367	2555	400	71	0.63	76	0.28	78	58	70	36	69	1.99	65	6	67	5	67	2	75
	31121345	2555	1948	74	0.10	78	-0.05	81	59	72	47	72	2.11	68	1	70	4	70	-3	77
154	37321040	2554	1166	72	0.31	76	0.07	79	63	70	41	70	1.51	66	0	69	2	68	-3	76
155	11120639	2553	537	70	0.51	74	0.17	77	61	68	35	68	1.53	64	4	66	3	66	0	74
	13119114	2553	856	73	0.42	78	0.22	81	52	72	42	71	1.67	67	2	70	2	69	3	77
	13121223	2553	1143	67	0.39	72	0.13	76	59	65	39	65	2.01	60	3	63	4	62	2	72
158	15519026	2551	2005	76	0.05	79	0.00	82	57	74	53	74	2.55	70	1	72	5	72	-7	79
	37321037	2551	1611	69	-0.36	74	0.07	77	28	67	49	67	1.99	62	7	65	7	65	1	73
160	15517048	2550	835	76	0.24	80	0.07	83	46	75	28	74	1.00	71	9	73	5	73	4	80
161	11120603	2548	1263	73	0.25	77	0.05	80	56	71	38	71	1.83	67	6	71	3	70	2	78
	37321116	2548	1148	70	0.10	75	0.19	78	47	69	47	68	2.28	64	4	67	2	66	6	74
	41121807	2548	667	73	0.61	77	0.28	80	67	72	44	71	2.04	68	0	70	2	70	-4	77
164	13120453	2547	1686	73	0.24	77	-0.06	80	65	71	42	71	1.40	67	-1	69	0	68	-5	77
	41120829	2547	767	71	0.63	75	0.20	78	68	69	39	69	2.50	65	4	68	5	67	-1	75
166	37321015	2546	670	71	0.50	75	0.19	78	58	69	36	69	1.77	65	4	67	4	67	2	75
167	13119138	2545	1325	72	0.20	77	0.11	79	55	71	44	70	2.10	66	2	68	3	68	1	76
	15520004	2545	1437	73	0.00	77	0.14	80	46	71	49	71	2.12	67	2	69	4	69	0	77
	31121339	2545	1118	72	0.33	76	0.06	79	61	71	40	70	2.08	67	3	69	4	69	-2	76
170	37317007	2543	1565	81	0.16	84	0.04	86	59	80	42	79	2.46	76	4	78	4	77	2	84
	37321103	2543	1186	69	0.42	74	0.14	77	67	68	45	67	2.46	63	2	66	3	65	-4	73

（续）

排名	牛号	GCPI	产奶量		乳脂率		乳蛋白率		乳脂量		乳蛋白量		体细胞评分		体型总分		泌乳系统评分		肢蹄评分	
			GEBV (kg)	r^2 (%)	GEBV (%)	r^2 (%)	GEBV (%)	r^2 (%)	GEBV (kg)	r^2 (%)	GEBV (kg)	r^2 (%)	GEBV	r^2 (%)	GEBV	r^2 (%)	GEBV	r^2 (%)	GEBV	r^2 (%)
172	11121653	2542	1162	73	0.24	77	0.20	80	50	71	47	71	2.42	67	5	69	6	68	-3	76
173	37322027	2541	1426	71	0.26	75	0.15	78	61	70	49	69	2.13	66	0	68	1	68	-3	75
174	15520019	2540	1041	70	0.50	75	0.18	78	65	68	42	68	1.85	64	1	66	1	66	-4	74
175	11120620	2539	823	70	0.39	75	0.14	78	57	69	37	68	1.95	64	4	67	3	66	4	75
	37318051	2539	1459	74	0.13	78	0.14	81	56	73	47	73	2.05	69	3	71	1	71	-2	78
	37319054	2539	903	74	0.45	78	0.31	81	55	72	47	72	2.08	68	2	70	-1	70	3	78
178	15521027	2538	923	69	0.44	74	0.19	77	60	68	40	67	1.64	63	1	66	2	65	-1	73
179	11118669	2537	1282	72	0.06	76	0.12	79	42	70	46	70	1.80	66	2	68	6	68	-2	76
180	13119104	2535	929	72	0.44	76	0.12	80	54	70	36	70	1.59	65	3	68	4	67	1	76
	15521024	2535	778	70	0.40	75	0.20	78	55	69	40	68	1.97	64	4	67	6	66	-4	74
	37321114	2535	657	67	0.30	72	0.21	75	46	65	37	65	1.70	60	5	63	5	63	3	71
183	11122618	2534	1358	70	0.36	74	0.12	77	66	69	46	68	1.94	65	-1	67	-2	66	-1	74
	11122629	2534	1403	67	0.00	72	0.06	75	51	66	43	65	2.18	61	4	63	5	63	-1	71
	37320074	2534	998	72	0.32	77	0.18	79	54	71	41	70	1.87	66	2	69	5	68	-2	76
	37320089	2534	759	72	0.45	77	0.20	79	58	71	40	71	2.30	67	3	69	5	69	0	76
187	31117447	2533	1870	77	-0.30	81	0.02	83	34	76	49	75	2.37	72	5	74	5	74	4	80
	37319057	2533	682	74	0.40	78	0.24	81	50	73	40	72	1.93	69	4	71	2	71	6	78
189	31118100	2532	1916	75	-0.32	79	0.01	81	36	74	49	73	2.35	69	5	72	9	72	-3	79
190	37321042	2531	852	71	0.55	75	0.16	78	67	70	39	69	1.79	66	1	68	1	68	-2	75
191	13120445	2530	985	70	0.20	75	-0.02	78	52	69	31	68	1.61	64	6	67	5	66	5	75
	37320088	2530	1122	71	0.20	76	0.17	78	54	70	45	70	2.31	66	2	68	5	68	-2	75
	37320120	2530	899	71	0.39	76	0.22	78	55	70	42	69	2.23	65	4	68	5	68	-2	75

（续）

排名	牛号	GCPI	产奶量		乳脂率		乳蛋白率		乳脂量		乳蛋白量		体细胞评分		体型总分		泌乳系统评分		肢蹄评分	
			GEBV (kg)	r^2 (%)	GEBV (%)	r^2 (%)	GEBV (%)	r^2 (%)	GEBV (kg)	r^2 (%)	GEBV (kg)	r^2 (%)	GEBV	r^2 (%)	GEBV	r^2 (%)	GEBV	r^2 (%)	GEBV	r^2 (%)
194	14119343	2529	1486	74	-0.11	78	0.01	80	47	72	43	72	2.07	68	5	70	5	70	-1	77
	15518010	2529	1766	76	-0.27	80	0.02	82	36	75	48	74	1.59	71	4	73	5	73	-5	80
	37318025	2529	1137	74	0.22	79	0.10	81	52	73	38	73	1.93	69	5	71	5	70	-1	78
	37320033	2529	1133	72	0.27	76	0.16	79	51	71	42	70	2.10	66	4	69	3	68	2	76
198	15520033	2528	1147	73	0.29	77	0.05	80	52	71	37	71	1.37	67	4	69	1	69	1	77
	15521010	2528	854	71	0.39	75	0.10	78	56	69	33	69	1.75	65	5	67	6	67	-1	75
	15521028	2528	1295	72	0.36	76	0.03	79	71	71	41	70	2.19	66	0	69	-1	68	1	76
	37322010	2528	1154	70	0.34	75	0.22	78	61	69	48	69	2.10	65	0	67	0	67	-4	75
202	15521025	2527	1189	71	0.11	75	0.02	78	48	69	37	69	1.77	65	5	67	6	67	0	75
	31118110	2527	1219	74	0.32	78	0.11	81	58	72	43	72	2.51	68	5	71	3	70	0	78
	37321049	2527	1517	72	0.17	76	0.09	79	62	70	47	70	1.84	66	-2	68	1	68	-7	76
205	37320071	2526	1051	68	0.27	73	0.13	76	61	66	42	66	1.98	61	1	64	1	64	-1	73
206	15519020	2525	1367	72	0.18	76	0.13	79	55	71	48	70	1.85	66	1	69	1	68	-6	76
	31118119	2525	1200	73	0.22	77	0.08	80	51	72	41	71	1.87	68	5	70	2	70	0	77
	37320119	2525	966	72	0.38	76	0.26	79	60	70	47	70	2.34	66	1	68	-1	68	2	76
209	37322005	2524	1180	70	0.15	74	0.18	77	53	69	46	68	2.00	65	1	67	2	66	-2	74
210	15618001	2523	1016	78	0.33	82	0.11	84	53	77	35	77	2.19	73	5	76	5	75	6	82
	37321021	2523	1284	73	0.21	77	0.05	80	61	71	41	71	2.10	67	2	69	0	69	3	77
212	11116665	2521	1549	79	0.02	82	-0.04	84	50	78	37	77	2.28	74	5	77	6	76	4	83
	37320077	2521	1514	73	0.01	77	0.04	80	52	71	44	71	1.93	67	2	69	2	69	-2	77
	64220615	2521	639	70	0.52	75	0.13	77	60	69	32	69	1.63	65	4	67	3	67	3	74
	11120615*																			

（续）

排名	牛号	GCPI	产奶量 GEBV (kg)	产奶量 r^2 (%)	乳脂率 GEBV (%)	乳脂率 r^2 (%)	乳蛋白率 GEBV (%)	乳蛋白率 r^2 (%)	乳脂量 GEBV (kg)	乳脂量 r^2 (%)	乳蛋白量 GEBV (kg)	乳蛋白量 r^2 (%)	体细胞评分 GEBV	体细胞评分 r^2 (%)	体型总分 GEBV	体型总分 r^2 (%)	泌乳系统评分 GEBV	泌乳系统评分 r^2 (%)	肢蹄评分 GEBV	肢蹄评分 r^2 (%)
215	11116683	2520	1182	78	0.40	82	0.05	85	58	77	36	76	2.26	72	5	78	2	77	7	85
216	13120407	2519	1118	68	0.20	73	0.05	76	55	67	37	66	1.70	62	3	65	4	65	-2	73
	14117925	2519	790	74	0.54	78	0.16	81	64	72	38	72	2.05	68	2	70	0	70	2	78
	15519025	2519	1401	75	0.01	79	0.01	82	44	73	43	73	1.98	69	4	71	6	71	-2	78
	15520031	2519	1613	74	0.12	78	0.08	80	58	72	50	72	2.29	68	-1	71	1	70	-4	78
220	13120413	2518	845	72	0.43	76	0.12	79	60	70	34	70	2.06	66	5	69	4	68	1	76
	14117622	2518	754	76	0.39	80	0.14	83	52	75	33	75	1.64	71	5	74	2	74	5	80
	31120376	2518	742	72	0.45	76	0.17	79	61	70	38	70	1.83	66	1	68	2	68	0	76
223	31118106	2517	1541	73	0.05	78	0.05	81	52	72	46	71	2.44	67	4	70	3	70	0	78
224	11117657	2516	1020	74	0.43	79	0.09	81	60	73	37	73	1.81	69	1	72	2	71	1	79
	11117668	2516	1147	75	0.08	79	0.11	81	39	74	41	73	1.92	70	6	72	6	71	0	79
226	11117678	2515	1722	72	-0.07	77	0.02	80	48	71	47	70	2.52	66	4	69	4	69	-1	77
	11122639	2515	827	69	0.35	74	0.24	77	52	68	43	67	1.88	63	2	65	1	65	1	73
	15520009	2515	942	72	0.22	76	0.09	79	50	70	35	70	1.91	66	6	68	4	68	3	76
	15521012	2515	587	70	0.66	75	0.21	78	64	69	34	68	1.63	64	2	67	2	67	-1	75
230	31118104	2514	1271	74	0.29	78	0.09	81	57	72	40	72	1.95	68	1	70	2	70	1	77
231	11122612	2513	1211	72	0.10	76	0.06	79	50	71	39	70	2.04	67	4	69	4	69	2	76
	31120355	2513	398	72	0.58	76	0.19	79	59	71	32	70	1.73	66	3	68	0	68	7	76
233	11117659	2512	1055	75	0.50	79	0.10	81	65	73	38	73	1.71	69	0	72	1	72	-2	79
	15519018	2512	1362	73	0.20	77	0.08	80	58	72	43	71	1.41	67	0	69	0	69	-7	77
235	11117609	2511	1616	76	0.00	80	0.06	82	47	75	45	74	2.94	71	8	73	6	73	2	80
	11120622	2511	1086	70	0.28	75	0.14	78	56	69	41	69	1.94	65	2	67	3	67	-3	75

（续）

排名	牛号	GCPI	产奶量		乳脂率		乳蛋白率		乳脂量		乳蛋白量		体细胞评分		体型总分		泌乳系统评分		肢蹄评分	
			GEBV (kg)	r^2 (%)	GEBV (%)	r^2 (%)	GEBV (%)	r^2 (%)	GEBV (kg)	r^2 (%)	GEBV (kg)	r^2 (%)	GEBV	r^2 (%)	GEBV	r^2 (%)	GEBV	r^2 (%)	GEBV	r^2 (%)
	37320070	2511	1118	72	0.30	76	0.14	79	57	70	42	70	2.17	66	1	68	2	68	1	76
238	37318009	2510	865	74	0.62	78	0.17	81	75	72	38	72	2.21	67	1	70	0	70	-2	78
	37319050	2510	1123	72	-0.37	77	0.08	79	18	71	41	70	1.80	66	10	69	10	68	2	76
240	11120616	2509	419	71	0.57	75	0.16	78	57	69	29	69	1.81	65	5	68	5	67	3	75
241	13120449	2508	1532	72	0.21	77	0.08	80	64	71	46	70	2.59	66	1	69	0	68	0	76
242	21220010	2507	1721	74	0.08	79	-0.03	81	57	73	43	73	2.26	68	1	71	3	70	-1	78
	31118114	2507	1019	73	0.30	77	0.12	80	51	71	34	71	2.28	67	6	69	4	69	8	77
	37321018	2507	664	74	0.55	78	0.13	81	65	73	34	72	1.66	69	2	71	-1	71	2	78
245	37322012	2506	955	69	0.33	74	0.25	77	59	68	48	67	2.12	63	-1	66	-1	65	-3	74
246	12118410	2505	1195	78	0.15	82	-0.08	84	48	77	27	76	1.91	73	8	75	8	75	6	81
	15520011	2505	973	72	0.26	76	0.09	79	54	71	36	70	1.89	66	5	69	2	68	3	76
248	13119122	2504	1148	71	0.20	75	0.05	79	51	69	37	69	1.70	64	3	67	4	66	-2	75
	31120366	2504	265	70	0.46	74	0.28	77	45	68	33	68	2.03	64	7	66	6	66	5	74
	37319058	2504	1252	72	0.36	77	0.01	80	60	71	34	70	1.45	66	2	69	2	69	-3	77
251	11120601	2503	379	73	0.79	77	0.27	80	72	72	37	71	1.99	68	2	70	-1	70	-3	77
252	11122602	2502	1150	69	0.31	73	0.10	76	58	67	40	67	1.94	63	3	65	0	64	0	73
253	11116622	2501	1646	76	-0.17	80	-0.05	83	36	75	38	74	2.63	70	10	75	12	74	0	82
	15520026	2501	1126	70	0.19	75	0.18	78	52	68	42	68	2.73	64	4	66	5	66	2	74
	31118113	2501	1284	72	0.33	77	0.10	79	58	71	38	71	2.51	67	3	69	3	69	3	76
256	41120831	2500	838	74	0.52	78	0.19	81	64	73	38	73	1.95	69	2	72	1	71	-1	79
257	15517034	2499	1712	75	-0.15	79	0.01	81	42	73	46	73	2.53	69	6	71	6	71	-3	78
	37320020	2499	330	70	0.51	75	0.23	78	54	69	35	68	1.42	64	2	67	0	66	3	74

（续）

排名	牛号	GCPI	产奶量		乳脂率		乳蛋白率		乳脂量		乳蛋白量		体细胞评分		体型总分		泌乳系统评分		肢蹄评分	
			GEBV (kg)	r^2 (%)	GEBV (%)	r^2 (%)	GEBV (%)	r^2 (%)	GEBV (kg)	r^2 (%)	GEBV (kg)	r^2 (%)	GEBV	r^2 (%)	GEBV	r^2 (%)	GEBV	r^2 (%)	GEBV	r^2 (%)
259	11116677	2498	1017	75	0.05	79	0.06	82	37	73	32	73	1.77	69	7	72	6	72	7	79
	37320094	2498	2708	73	-0.29	77	-0.17	80	52	72	54	71	2.57	67	-2	70	1	70	-4	77
261	13120411	2497	1215	71	0.14	75	0.05	78	54	69	38	69	2.34	65	5	67	4	67	2	75
	15520018	2497	1462	70	-0.01	75	0.03	78	52	69	43	68	2.24	64	1	66	2	66	0	74
	31120373	2497	1645	71	0.09	76	0.07	78	52	69	41	69	2.25	65	3	67	2	67	3	75
	37320124	2497	1834	73	-0.01	77	-0.01	80	53	71	48	71	2.10	67	-1	69	1	69	-4	77
265	11120607	2496	1046	72	0.37	76	0.15	79	60	70	41	70	2.20	66	2	68	0	68	-1	76
	13120429	2496	1043	70	0.10	74	0.01	77	47	68	33	68	1.45	63	5	66	5	65	-2	74
	37321119	2496	1103	73	0.36	77	0.03	80	61	72	32	71	1.86	68	4	70	2	70	2	77
	65120375	2496	2184	74	-0.30	78	-0.12	81	43	72	49	72	2.23	68	2	70	3	70	-3	78
269	64220606	2495	793	73	0.27	77	0.18	79	51	71	39	71	2.04	67	4	69	2	69	1	76
	11120606*																			
270	11117675	2494	1363	73	0.08	77	-0.02	80	48	72	37	71	2.06	68	4	71	4	70	3	78
271	41118828	2493	783	74	0.57	78	0.11	81	59	73	31	72	1.90	69	4	71	3	71	3	78
272	15520008	2492	987	74	0.32	78	0.14	80	56	72	38	72	2.06	68	3	71	1	71	2	78
	15520013	2492	1269	72	0.07	76	0.14	79	41	70	43	70	1.94	66	4	68	7	67	-7	75
	37321105	2492	657	73	0.54	77	0.17	80	64	71	37	71	1.52	67	-2	69	-1	69	-1	77
275	11120617	2491	364	71	0.52	75	0.25	78	53	69	33	69	2.00	65	4	67	3	67	4	75
	15516042	2491	778	77	0.42	81	0.04	83	52	75	26	75	1.57	71	6	74	2	74	8	81
	15521022	2491	712	71	0.57	75	0.18	78	62	70	38	69	2.17	65	2	67	1	67	-1	75
	37320111	2491	1264	72	0.26	77	0.14	79	56	70	47	70	1.98	66	-2	69	0	68	-3	76
279	11117680	2489	575	78	0.42	82	0.19	84	52	77	35	76	2.17	73	5	75	3	75	3	82

（续）

排名	牛号	GCPI	产奶量		乳脂率		乳蛋白率		乳脂量		乳蛋白量		体细胞评分		体型总分		泌乳系统评分		肢蹄评分	
			GEBV (kg)	r^2 (%)	GEBV (%)	r^2 (%)	GEBV (%)	r^2 (%)	GEBV (kg)	r^2 (%)	GEBV (kg)	r^2 (%)	GEBV	r^2 (%)	GEBV	r^2 (%)	GEBV	r^2 (%)	GEBV	r^2 (%)
	15520015	2489	1642	71	0.12	75	0.09	78	53	69	48	69	2.05	65	-1	67	3	67	-8	75
	37321075	2489	1356	74	0.27	79	0.06	81	63	73	42	73	1.70	69	-2	71	-3	71	-1	78
282	37316037	2488	1656	75	0.06	79	-0.03	82	52	74	39	74	2.17	70	3	72	2	72	3	79
	37321108	2488	675	71	0.63	75	0.11	78	65	69	32	69	1.73	65	2	67	1	67	0	75
284	11122521	2487	1139	70	0.48	75	0.16	78	67	69	42	68	2.32	65	0	67	0	66	-2	74
	31118137	2487	1159	77	-0.09	81	0.14	83	32	75	45	75	1.93	71	5	74	5	73	-1	80
286	15521003	2486	1280	73	0.03	77	0.03	80	44	72	40	72	1.73	68	3	70	1	70	2	77
	37318044	2486	1137	76	0.12	80	0.05	83	50	75	36	75	1.90	71	4	74	7	73	-5	80
288	11118671	2485	1009	74	0.07	78	0.18	81	38	73	43	72	1.82	69	3	71	5	71	-4	78
289	15519006	2484	1447	74	0.11	78	-0.02	81	56	73	39	72	2.11	68	3	70	2	70	-1	78
	15521004	2484	647	73	0.34	77	0.19	79	52	71	37	71	1.87	67	3	69	4	69	-3	77
	31121354	2484	524	73	0.59	77	0.16	79	57	71	30	71	1.62	67	3	69	4	69	0	76
292	13120451	2482	1098	72	0.29	77	0.10	79	59	70	40	70	2.13	65	1	68	0	68	0	76
	31120375	2482	1372	73	0.22	77	0.06	80	61	72	43	71	2.15	68	0	70	-1	70	-1	77
	61221122	2482	1336	71	-0.11	75	0.02	78	36	69	38	69	2.04	65	6	67	8	67	-1	75
295	11116673	2481	747	77	0.23	82	0.09	84	42	76	30	76	1.66	72	7	76	4	75	7	82
	14115730	2481	510	76	0.36	80	0.22	82	44	75	34	74	1.54	71	4	73	3	72	3	79
	15517029	2481	1597	76	-0.06	80	-0.05	83	40	75	39	75	2.20	71	7	72	5	72	1	80
298	11121555	2480	1382	72	0.17	77	0.04	79	51	71	39	71	2.03	67	3	69	-1	69	4	76
	15521011	2480	1122	70	0.21	74	0.02	77	54	68	36	68	1.97	64	3	66	2	66	1	74
	31121342	2480	1337	69	0.17	74	0.11	76	57	68	46	67	2.43	63	0	65	-1	65	0	73
301	15521001	2479	477	72	0.63	76	0.25	79	63	70	37	70	2.41	66	2	69	1	68	1	76

（续）

排名	牛号	GCPI	产奶量		乳脂率		乳蛋白率		乳脂量		乳蛋白量		体细胞评分		体型总分		泌乳系统评分		肢蹄评分	
			GEBV (kg)	r^2 (%)	GEBV (%)	r^2 (%)	GEBV (%)	r^2 (%)	GEBV (kg)	r^2 (%)	GEBV (kg)	r^2 (%)	GEBV	r^2 (%)	GEBV	r^2 (%)	GEBV	r^2 (%)	GEBV	r^2 (%)
	31116440	2479	1835	75	-0.11	79	-0.13	82	48	74	40	73	2.04	69	2	71	4	71	0	78
303	15519011	2478	1615	72	0.04	76	-0.03	79	51	70	39	70	2.27	66	3	68	4	67	-1	76
	37321066	2478	1033	69	0.01	74	0.13	77	41	68	42	67	2.37	63	5	66	4	65	3	74
305	31116432	2477	1177	70	0.25	74	0.08	77	50	68	41	68	1.85	64	2	66	2	66	-4	74
	37319056	2477	674	74	0.59	78	0.26	80	58	72	40	72	2.07	68	-1	70	-1	70	2	77
	37321036	2477	714	73	0.33	77	0.18	80	53	72	38	71	2.00	67	3	70	2	69	-3	77
	65118359	2477	1648	75	0.00	80	0.07	82	48	74	49	74	2.60	70	2	72	2	72	-1	79
309	15516043	2475	1193	77	0.15	81	-0.06	84	48	76	28	76	1.66	72	6	75	4	74	4	81
	15520020	2475	1354	72	0.21	76	0.07	79	51	70	40	70	2.04	66	2	68	4	68	-4	76
	31118131	2475	1425	75	0.02	79	0.05	82	42	74	44	74	2.22	70	2	73	5	72	-2	80
	31120369	2475	20	72	0.61	76	0.28	79	49	71	29	70	1.70	66	5	69	2	68	7	76
313	13316100	2474	1609	78	0.37	81	0.00	84	66	76	40	76	2.50	73	2	75	-1	75	1	81
314	37317033	2473	1110	71	-0.08	76	0.00	79	27	70	30	69	1.55	65	9	67	9	67	2	75
315	31120378	2472	531	70	0.40	75	0.25	78	50	69	37	68	2.22	64	4	67	4	67	0	75
	31121349	2472	986	71	0.47	76	0.05	79	65	70	34	70	1.75	66	0	68	-1	68	0	75
317	15521017	2471	1424	72	0.02	76	-0.01	79	42	71	40	70	2.04	66	4	69	4	68	-1	76
	15522002	2471	1033	72	0.34	76	0.07	79	60	71	38	70	1.81	67	0	69	1	68	-4	76
	37320093	2471	1976	74	-0.06	78	-0.08	81	55	73	45	72	2.33	69	0	71	0	70	-3	78
	37321106	2471	851	74	0.54	78	0.07	80	67	73	35	72	1.59	69	-2	71	-2	71	-1	78
	65117325	2471	1252	75	0.18	79	0.01	82	49	74	35	73	1.93	70	4	72	2	72	3	79
322	11116678	2470	773	75	0.42	79	0.08	82	50	74	29	74	1.67	70	5	73	2	73	6	80
323	21219018	2469	634	72	0.40	77	0.17	80	47	71	36	70	1.70	65	1	68	3	67	1	76

（续）

排名	牛号	GCPI	产奶量		乳脂率		乳蛋白率		乳脂量		乳蛋白量		体细胞评分		体型总分		泌乳系统评分		肢蹄评分	
			GEBV (kg)	r^2 (%)	GEBV (%)	r^2 (%)	GEBV (%)	r^2 (%)	GEBV (kg)	r^2 (%)	GEBV (kg)	r^2 (%)	GEBV	r^2 (%)	GEBV	r^2 (%)	GEBV	r^2 (%)	GEBV	r^2 (%)
	31118130	2469	1605	74	-0.16	79	-0.04	81	39	73	43	72	1.96	68	2	71	6	71	-5	78
325	15520028	2468	1831	73	-0.23	77	0.05	80	39	72	51	71	2.30	68	3	70	3	70	-6	77
	41119824	2468	343	72	0.42	77	0.25	79	43	71	34	70	1.80	66	4	69	4	68	3	76
327	11119686	2467	589	73	0.63	78	0.19	80	56	72	29	71	1.91	67	3	70	5	70	1	77
	15516040	2467	1371	77	0.15	81	-0.09	84	52	76	29	75	1.88	72	5	75	3	74	5	81
329	65117343	2466	1408	73	0.08	78	0.06	80	44	72	40	71	1.54	67	3	70	0	69	-1	77
330	13121267	2465	1109	73	0.07	77	0.09	80	42	72	41	71	1.95	68	1	70	1	70	3	77
	13121909	2465	329	73	0.47	78	0.21	80	53	72	34	72	1.78	68	3	70	1	70	2	78
	31118122	2465	952	75	0.07	79	0.14	82	37	74	40	73	2.24	69	4	71	5	71	3	78
	37320108	2465	391	71	0.41	76	0.18	79	50	70	30	69	1.22	65	3	67	5	67	-6	75
334	11116688	2464	521	77	0.32	81	0.11	83	42	75	26	75	1.59	71	7	74	5	74	6	81
	11118653	2464	1173	74	0.15	78	0.05	81	46	72	38	72	1.90	68	3	71	3	71	-1	78
	15520014	2464	1906	72	-0.17	76	0.01	79	42	70	47	70	2.34	66	1	68	4	68	-4	75
337	15521021	2463	955	72	0.32	76	0.09	79	51	70	35	70	1.87	66	3	69	2	69	1	76
	37321094	2463	1034	73	0.33	77	0.10	80	59	72	39	71	1.85	67	0	70	0	69	-3	77
	37321107	2463	704	73	0.48	77	0.16	80	62	71	37	71	1.80	67	0	70	-2	69	-2	77
	41119836	2463	1002	72	0.32	76	0.18	79	52	70	43	70	2.43	66	2	69	2	68	-3	76
341	64220526	2462	1370	72	0.24	76	0.13	79	50	70	41	70	2.52	66	4	69	4	68	-2	76
	11120526*																			
342	11120628	2461	752	73	0.51	77	0.16	80	63	71	34	71	2.09	67	1	70	2	69	-2	77
343	15520029	2460	933	70	0.20	74	0.10	77	49	68	33	68	2.38	63	4	66	5	65	4	74
	31118133	2460	1000	75	0.01	79	0.07	82	34	73	37	73	1.72	69	5	72	5	71	1	79

（续）

排名	牛号	GCPI	产奶量		乳脂率		乳蛋白率		乳脂量		乳蛋白量		体细胞评分		体型总分		泌乳系统评分		肢蹄评分	
			GEBV (kg)	r^2 (%)	GEBV (%)	r^2 (%)	GEBV (%)	r^2 (%)	GEBV (kg)	r^2 (%)	GEBV (kg)	r^2 (%)	GEBV	r^2 (%)	GEBV	r^2 (%)	GEBV	r^2 (%)	GEBV	r^2 (%)
	37321020	2460	1474	72	0.05	76	-0.02	79	47	70	40	70	2.09	66	2	68	5	68	-4	76
	41118838	2460	1583	73	-0.29	78	-0.05	80	30	72	40	71	1.61	68	4	70	6	70	-2	78
	41120832	2460	652	74	0.62	79	0.20	81	64	73	35	73	1.79	69	0	72	0	71	-4	79
348	31118454	2458	756	74	0.44	79	0.13	81	54	73	31	73	2.25	69	4	71	4	71	4	78
	37321007	2458	1799	72	0.10	77	-0.06	79	57	71	44	71	2.64	67	1	69	3	69	-5	76
350	11119680	2456	527	72	0.69	76	0.09	79	60	71	24	70	1.62	66	3	69	6	69	-2	76
	15516057	2456	930	79	0.05	82	0.01	84	39	77	28	77	1.55	74	7	76	4	76	5	82
	15520034	2456	640	72	0.14	76	0.16	79	39	71	33	70	2.33	67	8	69	9	69	0	76
353	13120417	2455	983	71	0.17	75	0.05	78	51	69	35	69	1.73	65	1	67	3	67	-2	75
354	13121215	2454	933	68	0.25	74	0.12	77	49	67	34	66	2.23	61	3	64	2	64	6	74
	64220613	2454	581	74	0.39	78	0.26	80	46	72	38	72	1.99	68	2	70	1	70	2	77
	11120613*																			
356	31118116	2453	1013	72	0.28	77	0.07	79	49	71	31	70	2.53	66	6	69	5	68	6	76
357	37318055	2452	1520	73	0.07	78	0.03	80	51	72	43	72	2.20	68	1	70	-2	70	2	78
	41119825	2452	410	72	0.65	76	0.16	79	57	71	28	70	1.76	67	2	69	1	68	6	76
359	11120621	2451	745	72	0.34	76	0.16	79	52	71	36	70	2.28	66	3	69	2	68	3	76
	11122638	2451	1018	70	0.26	74	0.17	77	48	68	42	68	2.06	63	0	66	0	66	1	74
	41118820	2451	1633	73	-0.03	77	0.03	80	47	71	45	71	2.07	67	-2	70	3	69	-5	77
362	11119678	2450	1198	73	0.18	77	0.01	80	43	71	29	71	1.73	67	5	69	5	69	2	77
	41118859	2450	1753	74	-0.26	78	0.02	81	34	73	49	72	2.37	69	2	72	4	71	-3	79
364	14119340	2449	880	72	0.30	76	0.17	79	51	70	40	70	2.28	66	2	69	2	68	-1	76
	15519001	2449	1376	72	-0.10	76	0.02	79	41	70	38	70	2.02	66	4	68	2	68	3	76

（续）

排名	牛号	GCPI	产奶量		乳脂率		乳蛋白率		乳脂量		乳蛋白量		体细胞评分		体型总分		泌乳系统评分		肢蹄评分	
			GEBV (kg)	r^2 (%)	GEBV (%)	r^2 (%)	GEBV (%)	r^2 (%)	GEBV (kg)	r^2 (%)	GEBV (kg)	r^2 (%)	GEBV	r^2 (%)	GEBV	r^2 (%)	GEBV	r^2 (%)	GEBV	r^2 (%)
	31118102	2449	1608	75	-0.23	79	0.04	81	34	73	46	73	1.83	69	1	72	5	71	-7	79
367	11115635	2448	480	81	0.48	85	0.00	87	49	80	17	80	1.48	76	7	79	7	79	5	85
	11119690	2448	1230	75	-0.12	79	0.04	82	28	74	38	73	1.74	70	4	72	7	72	-1	79
	12116374	2448	729	78	0.13	82	0.02	84	35	77	23	77	1.53	74	9	76	7	75	6	82
	37321086	2448	553	73	0.65	77	0.12	80	66	72	32	71	1.52	67	-1	70	-1	69	-5	77
371	11116693	2447	1835	76	-0.23	80	-0.09	83	37	75	39	74	2.77	70	7	74	8	73	-1	81
	21214049	2447	1548	79	0.03	82	-0.13	85	51	78	31	77	2.30	74	4	76	3	76	5	82
	65119367	2447	1697	74	-0.32	78	-0.07	81	35	73	42	72	2.66	69	6	71	8	70	-2	78
374	14119342	2446	1222	75	-0.07	78	-0.03	81	42	73	35	73	2.06	69	5	72	3	71	3	78
	15519007	2446	1375	74	0.05	78	0.03	81	46	72	37	72	2.25	68	3	70	4	69	1	77
376	11119683	2445	1239	74	0.11	79	0.06	81	45	73	41	72	2.12	68	2	69	5	69	-6	77
	14117420	2445	1440	77	0.02	81	0.03	83	41	76	42	76	1.98	72	1	74	2	74	-1	81
	21219016	2445	864	73	0.11	78	0.11	80	39	72	34	72	2.30	68	5	70	7	70	3	77
	37320026	2445	348	72	0.44	76	0.24	79	42	71	35	70	1.59	66	2	69	3	68	-1	76
	37320078	2445	1072	73	0.18	77	0.13	80	50	71	43	71	2.07	67	-1	70	0	69	-2	77
381	15517050	2444	996	79	0.26	82	0.07	85	51	78	34	77	1.71	74	2	76	1	76	0	82
	37321029	2444	1304	70	-0.13	75	0.03	78	44	69	43	68	2.32	64	2	66	1	66	0	74
383	31116435	2443	1021	78	-0.03	82	-0.04	84	34	76	28	76	2.28	72	12	74	7	74	7	81
	37317035	2443	1521	74	-0.17	78	0.10	81	40	73	47	72	2.54	68	1	70	1	70	2	77
	37320102	2443	709	72	0.33	76	0.14	79	44	70	33	70	1.60	66	2	69	3	68	1	76
	37320123	2443	1924	72	-0.08	76	-0.09	79	53	71	44	71	2.25	67	0	69	1	69	-6	76
387	13118308	2442	1003	74	0.35	78	0.05	81	51	73	31	73	2.19	69	3	71	2	71	6	78

（续）

排名	牛号	GCPI	产奶量		乳脂率		乳蛋白率		乳脂量		乳蛋白量		体细胞评分		体型总分		泌乳系统评分		肢蹄评分	
			GEBV (kg)	r^2 (%)	GEBV (%)	r^2 (%)	GEBV (%)	r^2 (%)	GEBV (kg)	r^2 (%)	GEBV (kg)	r^2 (%)	GEBV	r^2 (%)	GEBV	r^2 (%)	GEBV	r^2 (%)	GEBV	r^2 (%)
388	31121344	2441	1566	72	0.08	77	-0.05	79	50	71	39	70	2.00	67	0	69	1	69	-1	76
	37320121	2441	1719	71	-0.07	76	-0.11	78	47	70	41	69	1.85	65	1	68	0	67	-3	75
390	15519013	2440	1747	74	-0.03	78	-0.08	81	50	73	38	72	2.37	68	3	70	2	70	1	78
	15521014	2440	935	68	0.07	73	0.18	76	44	67	44	66	2.37	62	1	65	3	64	-1	72
	31119385	2440	1125	71	0.39	75	0.05	78	57	69	32	69	2.21	65	3	67	5	67	-4	75
393	11122626	2439	699	71	0.50	75	0.09	78	61	70	32	69	1.89	66	1	68	-1	67	2	75
	13121211	2439	1687	72	0.24	76	-0.08	79	66	71	39	70	1.87	66	-1	69	-4	69	-5	76
	13316094	2439	1187	75	-0.01	79	-0.02	81	38	73	31	73	2.11	69	6	71	6	71	4	79
396	11120623	2438	570	68	0.53	73	0.18	75	57	67	33	66	1.89	62	2	64	0	64	-1	72
	13121081	2438	1041	72	0.33	77	0.01	79	59	71	34	70	1.96	66	2	69	-1	69	0	77
	13121929	2438	336	73	0.62	77	0.10	80	61	71	28	71	1.31	67	-1	69	0	69	-1	77
	15520030	2438	1518	72	-0.06	76	0.08	79	41	71	47	70	2.15	66	1	69	0	69	-4	76
	37316018	2438	827	75	0.28	80	0.00	82	45	74	25	74	1.36	70	6	73	3	73	2	80
401	41119807	2437	1399	72	0.04	77	-0.07	80	46	71	31	70	1.81	66	3	68	4	68	1	76
402	14119339	2435	908	75	0.17	79	0.16	81	44	73	36	73	2.21	69	4	71	2	71	3	78
	37321025	2435	416	70	0.61	74	0.11	77	58	68	25	68	1.80	64	3	67	6	66	-3	74
404	11117692	2434	1163	74	0.11	78	0.16	81	39	72	40	72	2.06	68	1	69	2	69	1	77
	11117809	2434	956	71	0.10	76	0.06	79	39	69	34	69	2.12	64	6	67	6	67	-1	76
	15519022	2434	1001	72	0.20	76	0.15	79	48	71	42	70	1.62	66	-2	69	0	68	-5	76
	15521007	2434	765	71	0.17	76	0.04	79	42	70	27	69	1.73	65	7	68	6	68	0	76
408	13121069	2433	880	75	0.49	79	0.04	82	64	74	33	74	1.85	70	0	72	-2	72	-1	79
	65116276	2433	1611	76	-0.28	80	-0.14	83	28	75	32	74	1.83	71	7	73	10	73	-2	80

（续）

排名	牛号	GCPI	产奶量		乳脂率		乳蛋白率		乳脂量		乳蛋白量		体细胞评分		体型总分		泌乳系统评分		肢蹄评分	
			GEBV (kg)	r^2 (%)	GEBV (%)	r^2 (%)	GEBV (%)	r^2 (%)	GEBV (kg)	r^2 (%)	GEBV (kg)	r^2 (%)	GEBV	r^2 (%)	GEBV	r^2 (%)	GEBV	r^2 (%)	GEBV	r^2 (%)
410	15517052	2432	909	73	0.17	78	0.13	80	38	72	34	72	1.23	68	3	70	0	70	0	78
	41120826	2432	1702	72	-0.14	76	-0.08	79	40	71	42	70	1.92	66	0	68	2	68	-3	76
412	13316091	2431	1632	73	-0.01	77	-0.03	80	44	71	38	71	2.56	67	6	69	4	69	-1	77
	37320085	2431	1494	74	-0.04	78	-0.02	80	47	73	40	72	1.94	69	0	71	2	71	-3	78
	37321024	2431	816	73	0.35	78	0.07	80	52	72	31	72	1.91	68	3	71	2	70	1	78
415	11118660	2430	1152	72	0.12	77	0.02	79	42	71	35	71	1.82	67	4	69	5	69	-4	76
	14119341	2430	732	74	0.34	79	0.12	81	49	73	32	73	1.81	69	3	71	1	71	1	79
417	21214050	2429	911	78	0.14	82	0.00	84	39	77	26	77	2.30	74	7	76	9	76	5	81
	37321022	2429	996	73	0.43	77	0.08	80	60	72	35	71	2.14	68	1	70	0	70	-2	77
419	11116672	2428	636	76	-0.05	80	0.03	83	26	74	24	74	2.05	70	12	73	8	73	9	80
	11120632	2428	380	72	0.52	77	0.18	80	51	71	29	70	1.76	66	1	69	2	69	2	77
	13118304	2428	1174	73	0.09	77	0.03	80	45	72	36	71	2.16	68	2	70	4	69	-1	77
	15516073	2428	757	78	0.16	82	0.00	84	40	77	26	77	1.65	73	7	76	4	76	4	82
423	13316089	2427	1401	76	0.02	81	0.02	83	42	75	38	75	2.72	71	5	72	5	72	1	79
	21215023	2427	649	80	-0.08	84	0.10	86	18	79	30	78	1.71	75	10	77	8	77	6	83
	21215025	2427	644	80	-0.08	84	0.10	86	18	79	29	78	1.71	75	10	77	8	77	6	83
	37321016	2427	1121	71	0.28	75	0.07	78	55	69	34	69	1.91	65	0	67	2	67	-4	75
	65118357	2427	442	75	0.40	79	0.20	81	37	73	28	73	1.28	69	5	72	4	71	2	79
428	61217087	2425	1113	77	0.09	81	-0.01	83	47	75	33	75	1.99	71	5	74	0	74	3	81
429	11118655	2424	1598	73	-0.08	77	0.00	80	45	72	43	71	2.03	67	1	70	2	70	-7	77
	61220117	2424	1894	73	-0.30	77	-0.02	80	35	71	46	71	2.61	67	3	69	-1	69	6	77
431	65117347	2423	1474	75	-0.17	79	0.03	82	36	74	42	73	2.15	69	1	71	1	71	3	78

（续）

排名	牛号	GCPI	产奶量		乳脂率		乳蛋白率		乳脂量		乳蛋白量		体细胞评分		体型总分		泌乳系统评分		肢蹄评分	
			GEBV (kg)	r^2 (%)	GEBV (%)	r^2 (%)	GEBV (%)	r^2 (%)	GEBV (kg)	r^2 (%)	GEBV (kg)	r^2 (%)	GEBV	r^2 (%)	GEBV	r^2 (%)	GEBV	r^2 (%)	GEBV	r^2 (%)
432	11119672	2422	729	73	0.57	77	0.07	80	58	72	25	71	2.04	67	3	70	5	70	-1	77
	12118402	2422	958	76	-0.14	80	0.05	83	22	75	29	75	1.99	71	9	73	7	73	8	80
	15517027	2422	1243	73	0.08	78	0.06	80	38	72	36	72	1.74	68	2	70	3	70	-1	77
435	15517047	2420	1027	79	0.27	82	0.01	85	51	78	30	77	1.90	74	3	76	4	76	-2	82
	31116165	2420	1293	77	0.09	81	-0.07	83	44	76	31	75	1.94	72	2	75	2	74	4	81
437	15521015	2419	1106	72	0.20	77	0.11	79	48	71	39	70	2.05	66	2	69	-1	69	-1	77
	31116148	2419	863	78	0.23	82	0.05	84	43	77	28	77	2.04	74	6	76	4	76	5	82
439	65117351	2418	964	74	0.12	78	0.16	81	38	72	37	72	1.85	68	5	71	1	70	0	78
440	15516078	2417	1058	79	-0.02	82	-0.02	84	37	77	29	77	2.19	74	7	77	7	77	2	83
	37320113	2417	477	73	0.47	77	0.20	80	53	71	34	71	1.91	67	-1	69	1	69	-1	76
442	31118089	2416	695	75	0.27	79	0.26	82	41	74	38	74	1.67	70	1	72	1	72	-3	79
	37319034	2416	1225	74	0.18	79	0.12	81	48	73	43	72	2.29	69	0	71	0	71	-3	78
444	11118663	2415	349	73	0.55	77	0.20	80	47	71	29	71	1.52	67	1	69	0	69	3	77
	12116372	2415	749	78	0.21	82	-0.04	84	41	77	21	76	1.76	73	7	75	7	75	4	81
	15521006	2415	399	73	0.32	77	0.16	80	41	72	27	71	1.51	67	5	70	6	70	-4	77
	31116151	2415	1471	76	-0.09	80	-0.03	82	35	75	37	75	1.93	71	3	74	5	74	-3	80
	65120380	2415	1331	72	-0.03	77	0.00	80	43	71	39	70	2.10	66	1	69	3	68	-1	76
449	11121552	2414	796	72	0.32	77	0.12	79	44	71	35	71	1.86	67	-1	69	1	69	3	76
	37317040	2414	867	79	0.33	82	0.00	85	51	78	28	77	2.07	74	5	76	4	76	-1	82
	37319005	2414	873	74	0.20	79	0.18	81	40	73	38	73	2.16	69	2	72	3	71	-1	79
452	37318021	2413	711	76	0.25	80	0.10	83	45	75	33	74	1.77	70	2	73	1	72	0	80
	37321043	2413	776	71	0.42	75	0.11	78	61	69	36	69	1.95	65	-2	68	1	67	-7	75

（续）

排名	牛号	GCPI	产奶量		乳脂率		乳蛋白率		乳脂量		乳蛋白量		体细胞评分		体型总分		泌乳系统评分		肢蹄评分	
			GEBV (kg)	r^2 (%)	GEBV (%)	r^2 (%)	GEBV (%)	r^2 (%)	GEBV (kg)	r^2 (%)	GEBV (kg)	r^2 (%)	GEBV	r^2 (%)	GEBV	r^2 (%)	GEBV	r^2 (%)	GEBV	r^2 (%)
	61220108	2413	994	73	0.05	78	0.19	80	39	72	44	71	2.06	68	0	70	1	69	-3	77
455	15520002	2412	899	73	0.10	77	0.11	80	38	72	38	71	2.14	67	2	70	4	70	-1	77
	37316033	2412	1381	77	0.24	81	0.07	83	48	75	39	75	2.33	71	1	73	0	73	0	80
	37317036	2412	979	74	-0.29	78	0.09	81	17	73	36	72	1.62	68	6	70	4	70	5	78
458	15517036	2411	1059	77	0.04	81	0.05	83	33	76	29	75	1.70	72	7	74	3	74	4	81
	41119822	2411	826	74	0.29	78	0.15	81	46	73	36	73	2.49	69	4	71	2	71	1	78
	65119371	2411	402	72	0.64	76	0.13	79	57	70	26	70	1.80	66	1	68	4	68	-4	76
461	11115611	2410	1358	78	-0.07	82	-0.15	84	31	77	25	76	2.12	73	10	75	9	75	4	82
	15518006	2410	1682	73	-0.18	77	-0.03	80	33	71	42	71	2.37	67	3	69	5	69	-3	77
	15520005	2410	1409	71	0.05	76	0.08	79	46	70	39	69	2.36	65	2	68	1	68	-1	76
	37315041	2410	1081	80	0.04	84	0.01	86	39	79	34	79	2.54	75	5	79	5	79	3	85
	37321017	2410	1391	73	0.08	77	0.01	80	45	71	40	71	1.85	67	-1	69	0	69	-3	76
466	11119685	2409	1328	74	0.08	79	-0.02	81	46	73	36	72	1.76	68	-1	70	2	69	-4	77
	15521019	2409	526	72	0.53	76	0.12	79	55	70	26	70	1.71	66	2	68	3	68	-2	76
	37320023	2409	1093	73	0.16	77	0.15	80	43	72	42	72	2.12	68	0	70	1	70	-4	77
469	11116676	2408	662	78	0.10	81	-0.03	83	37	77	22	76	2.07	73	10	75	7	75	6	81
470	15517056	2407	1142	74	-0.16	78	0.10	81	22	73	42	72	1.85	68	3	71	6	71	-4	78
	37316030	2407	1389	78	-0.03	82	0.04	85	36	77	39	77	2.36	73	4	75	2	75	2	82
472	11116686	2405	1074	79	-0.01	83	0.00	86	36	78	30	77	2.23	73	7	76	4	76	5	84
	13316088	2405	1387	76	-0.09	80	0.01	83	36	75	37	75	2.27	71	4	73	6	73	-3	80
	37319027	2405	1034	74	0.14	78	0.12	81	41	72	39	72	2.27	68	3	70	-1	70	4	78
	51114305	2405	525	76	0.44	80	0.18	83	44	75	31	74	1.64	70	2	72	2	72	-1	80

（续）

排名	牛号	GCPI	产奶量		乳脂率		乳蛋白率		乳脂量		乳蛋白量		体细胞评分		体型总分		泌乳系统评分		肢蹄评分	
			GEBV (kg)	r^2 (%)	GEBV (%)	r^2 (%)	GEBV (%)	r^2 (%)	GEBV (kg)	r^2 (%)	GEBV (kg)	r^2 (%)	GEBV	r^2 (%)	GEBV	r^2 (%)	GEBV	r^2 (%)	GEBV	r^2 (%)
	(64114039*)																			
476	12117394	2404	1063	79	0.21	82	0.00	84	50	78	31	77	2.46	74	3	77	2	76	4	82
	37319023	2404	1309	72	-0.03	76	0.02	79	39	70	37	70	2.15	66	1	68	5	68	-2	76
478	13316102	2403	1333	74	-0.18	78	0.05	81	33	72	41	72	2.40	67	4	70	1	70	3	78
	37320004	2403	1165	72	-0.09	76	0.11	79	29	71	40	70	1.96	66	1	69	3	68	1	76
480	11117672	2402	1693	74	-0.31	78	0.00	81	30	72	45	72	2.21	68	3	70	2	70	-1	78
	14119336	2402	904	75	-0.02	80	0.11	82	33	74	35	74	1.89	70	4	73	1	72	5	80
	37319016	2402	761	74	0.36	78	0.15	81	44	72	32	72	1.70	68	1	71	1	70	0	78
483	13120443	2400	877	72	0.18	77	0.14	80	42	71	37	71	1.80	67	0	69	2	68	-3	76
484	13316090	2399	1464	74	-0.06	78	-0.01	81	41	72	37	72	2.30	68	2	70	2	70	3	78
	31118452	2399	1152	74	-0.01	78	0.02	81	33	72	34	72	2.14	68	7	71	4	70	1	78
486	21216047	2398	1312	78	-0.30	81	-0.04	84	21	76	33	76	1.67	73	7	75	5	75	3	81
	37319065	2398	1681	73	0.11	77	0.07	80	53	71	43	71	2.41	67	-2	70	-2	69	-2	77
488	41118847	2397	1421	74	0.21	78	-0.02	81	50	73	36	73	1.73	69	-2	71	-1	71	-2	78
	61220112	2397	998	72	0.00	76	-0.02	79	35	71	30	70	1.52	66	4	69	4	69	-2	76
490	11116670	2396	218	77	0.29	81	0.04	84	33	76	16	76	1.55	72	10	75	6	75	9	81
	37319012	2396	1178	75	-0.32	79	-0.02	82	21	74	34	73	1.63	69	5	72	3	72	5	79
	41118849	2396	1398	74	-0.10	79	0.05	81	33	73	44	73	2.06	69	0	71	4	70	-7	78
	65118360	2396	1190	74	0.08	79	0.07	81	43	73	40	73	2.25	69	1	71	1	71	-1	79
494	11117808	2395	533	77	0.21	81	0.09	83	38	76	26	75	1.14	72	3	74	4	74	-3	81
	21214065	2395	496	77	0.30	81	0.09	83	41	76	23	76	1.43	73	3	75	4	74	4	80
496	21214068	2394	500	77	0.29	81	0.09	83	41	76	23	76	1.43	73	3	75	4	74	3	80

（续）

排名	牛号	GCPI	产奶量		乳脂率		乳蛋白率		乳脂量		乳蛋白量		体细胞评分		体型总分		泌乳系统评分		肢蹄评分	
			GEBV (kg)	r^2 (%)	GEBV (%)	r^2 (%)	GEBV (%)	r^2 (%)	GEBV (kg)	r^2 (%)	GEBV (kg)	r^2 (%)	GEBV	r^2 (%)	GEBV	r^2 (%)	GEBV	r^2 (%)	GEBV	r^2 (%)
	37317009	2394	950	78	-0.01	82	0.06	85	28	77	29	76	2.29	71	10	74	8	74	2	81
498	15521005	2392	713	72	0.17	77	0.05	79	38	71	31	71	1.51	67	2	69	3	69	-2	76
	37320125	2392	602	70	0.31	75	0.13	78	48	69	31	68	1.93	64	2	67	0	66	2	74
500	13120455	2391	1192	71	0.15	75	-0.03	78	48	70	29	69	2.22	65	3	68	5	67	-2	75
501	13118328	2390	880	74	0.58	78	0.08	81	62	72	30	72	1.90	68	-2	70	-3	70	2	78
502	11120610	2389	854	73	0.05	77	0.10	80	35	72	31	71	2.41	67	8	70	4	69	3	77
503	13316708	2388	1710	73	-0.10	77	-0.11	80	46	72	37	71	2.17	67	1	70	0	69	0	77
504	11121556	2387	1208	73	0.10	78	0.06	80	45	72	38	71	2.09	67	1	70	1	70	-4	78
	37319060	2387	59	71	0.52	76	0.19	79	44	70	21	70	2.20	66	6	68	7	68	4	76
506	11118613	2385	981	78	-0.11	81	0.00	84	23	76	28	76	2.05	72	8	73	8	73	3	80
	11120609	2385	1453	74	-0.10	78	0.00	81	43	73	38	72	2.52	69	4	71	2	71	-1	78
	21216035	2385	1803	76	-0.16	80	-0.11	83	43	75	36	75	2.73	71	4	73	5	73	0	80
	65117339	2385	838	79	0.01	82	0.07	84	30	77	30	77	2.11	74	7	76	6	75	3	82
510	11116680	2384	670	76	0.15	80	0.12	83	35	75	30	74	2.10	71	5	74	1	74	10	81
	11122635	2384	533	70	0.34	74	0.24	77	46	69	37	68	2.05	64	0	67	1	66	-4	74
	65120382	2384	1561	76	-0.11	80	-0.07	82	40	74	40	74	1.93	70	0	72	1	72	-6	79
513	31116430	2383	1437	80	-0.16	84	0.02	86	38	79	42	78	2.51	74	1	78	2	77	-1	85
	37314050	2383	1322	76	-0.16	80	-0.01	83	28	75	31	74	2.17	70	6	73	6	73	3	80
	65117323	2383	759	77	0.29	81	0.11	83	45	76	30	75	2.26	72	4	74	2	74	2	81
516	11116698	2382	615	79	0.17	83	0.05	85	38	78	26	78	2.34	74	8	77	4	76	7	83
	11118662	2382	612	72	0.14	76	0.12	79	36	70	30	70	2.00	66	4	68	4	68	3	76
	13316092	2382	1494	74	-0.01	79	-0.01	81	43	73	40	72	2.28	68	1	71	-1	71	0	79

（续）

排名	牛号	GCPI	产奶量		乳脂率		乳蛋白率		乳脂量		乳蛋白量		体细胞评分		体型总分		泌乳系统评分		肢蹄评分	
			GEBV (kg)	r^2 (%)	GEBV (%)	r^2 (%)	GEBV (%)	r^2 (%)	GEBV (kg)	r^2 (%)	GEBV (kg)	r^2 (%)	GEBV	r^2 (%)	GEBV	r^2 (%)	GEBV	r^2 (%)	GEBV	r^2 (%)
	65117342	2382	979	73	-0.07	77	0.10	80	25	72	35	71	1.91	67	4	70	5	69	1	77
520	21216001	2381	1360	77	-0.17	81	-0.07	83	32	76	33	75	1.89	72	4	74	5	74	-2	81
	31118108	2381	1008	73	0.15	77	0.07	80	42	71	33	71	2.30	67	2	69	3	69	2	76
522	37315015	2380	955	80	-0.02	84	0.02	86	38	79	32	79	2.36	76	4	77	4	77	3	83
	37317003	2380	1170	78	0.06	82	0.00	84	41	77	33	77	2.31	73	5	75	2	75	2	82
524	31120363	2379	176	73	0.60	77	0.17	80	52	71	25	71	1.80	67	3	70	0	69	3	77
525	14117525	2378	1086	78	0.21	81	0.01	84	47	76	32	76	2.40	73	3	75	2	74	1	81
526	13316101	2376	1241	76	0.16	81	0.09	83	46	75	37	75	2.54	70	2	73	-1	73	3	81
527	11118635	2375	767	74	-0.12	78	0.06	81	22	73	32	72	1.65	68	5	71	6	71	-1	78
528	21218019	2373	1303	75	-0.09	79	0.11	81	35	73	46	73	2.22	69	-1	72	2	72	-7	79
529	12117393	2372	941	79	0.32	83	-0.09	85	53	78	22	78	1.92	75	2	77	2	76	2	83
	12118406	2372	750	77	0.10	81	0.00	83	34	76	23	75	1.90	72	6	74	4	73	7	80
	31116433	2372	631	78	0.06	82	0.12	84	32	77	31	76	2.13	73	3	75	4	75	5	82
	37318048	2372	960	72	0.20	76	0.11	79	43	70	33	70	2.49	66	1	68	1	68	5	76
533	12118411	2371	1088	78	-0.02	82	-0.05	84	36	77	27	77	2.15	73	5	76	3	76	6	82
	41118855	2371	974	72	0.21	77	0.05	79	39	71	29	70	1.82	66	3	69	5	68	-3	76
535	13120405	2370	699	74	0.29	78	0.17	80	47	73	34	72	2.23	69	1	71	0	71	1	78
	21217012	2370	1342	76	-0.05	80	0.01	83	33	75	34	74	1.73	70	1	73	0	72	2	80
	65120379	2370	1032	74	0.09	78	0.14	81	39	72	42	72	2.20	68	-2	71	0	70	-3	78
538	11122512	2369	493	71	0.36	75	0.22	78	44	69	34	69	2.16	65	3	68	1	67	-2	75
	21217039	2369	933	73	0.23	77	0.13	80	44	71	37	71	1.69	67	-1	69	-2	69	-4	77
	21218017	2369	1277	74	-0.10	79	0.06	81	32	73	42	72	2.31	68	1	71	4	71	-5	79

（续）

排名	牛号	GCPI	产奶量		乳脂率		乳蛋白率		乳脂量		乳蛋白量		体细胞评分		体型总分		泌乳系统评分		肢蹄评分	
			GEBV (kg)	r^2 (%)	GEBV (%)	r^2 (%)	GEBV (%)	r^2 (%)	GEBV (kg)	r^2 (%)	GEBV (kg)	r^2 (%)	GEBV	r^2 (%)	GEBV	r^2 (%)	GEBV	r^2 (%)	GEBV	r^2 (%)
	31118093	2369	1096	71	-0.07	76	0.03	79	31	70	33	69	2.07	65	2	68	5	68	0	76
542	14115826	2368	1055	74	0.09	79	-0.02	81	43	73	28	72	1.87	68	2	71	1	71	3	79
	31120365	2368	607	71	0.31	76	0.18	79	44	70	32	69	2.71	65	4	68	2	67	5	75
544	11118666	2367	262	71	0.37	76	0.25	78	37	70	29	70	1.49	66	1	68	1	67	1	75
	37319019	2367	744	72	0.24	77	0.13	80	39	71	31	71	1.60	67	0	69	3	69	-3	77
546	11118659	2366	888	72	0.17	76	0.10	79	39	70	35	70	1.97	66	1	68	4	68	-6	76
	21220009	2366	655	70	0.20	75	0.11	78	40	69	30	68	2.02	64	4	67	2	66	1	75
548	61218104	2365	875	74	0.16	78	0.03	81	41	73	27	72	2.05	68	4	71	4	71	1	78
549	11117699	2364	420	75	0.41	79	0.01	82	40	73	15	73	1.73	69	6	75	5	75	7	83
	11119681	2364	1047	73	-0.03	77	0.12	80	35	72	38	71	2.08	67	0	70	3	69	-4	77
	21218003	2364	586	72	0.22	76	0.16	79	37	70	34	70	2.10	66	4	68	2	68	-2	76
552	11119677	2363	272	76	0.45	80	0.24	82	41	74	30	74	1.52	70	1	72	2	72	-3	79
	13119112	2363	1050	72	0.18	77	0.10	80	45	71	37	70	2.10	66	-2	68	2	68	-5	76
	21216033	2363	1487	77	-0.06	80	-0.13	83	38	76	29	75	2.21	72	4	74	3	74	4	80
555	21218011	2362	928	76	-0.07	80	0.09	83	31	75	35	74	2.55	71	6	73	6	73	-1	80
	31118450	2362	1901	76	-0.33	80	-0.20	82	29	75	33	74	1.86	70	2	72	6	72	-3	79
	37316036	2362	606	75	0.06	80	0.13	82	26	74	29	74	2.02	70	7	72	5	71	3	79
558	21214051	2361	509	77	0.25	81	0.06	83	36	76	22	76	1.44	73	3	75	4	74	3	80
	31115187	2361	923	77	0.10	81	0.04	84	31	76	29	76	1.55	72	2	75	2	74	3	81
560	14118199	2360	777	77	0.32	81	0.05	83	47	76	29	76	2.05	72	3	75	0	74	1	81
	37316015	2360	1163	75	-0.15	79	-0.06	82	26	74	25	73	1.68	70	8	72	4	72	4	79
562	11117662	2359	548	76	0.26	81	0.13	83	44	75	30	75	1.83	71	2	72	-1	71	1	79

（续）

排名	牛号	GCPI	产奶量		乳脂率		乳蛋白率		乳脂量		乳蛋白量		体细胞评分		体型总分		泌乳系统评分		肢蹄评分	
			GEBV (kg)	r^2 (%)	GEBV (%)	r^2 (%)	GEBV (%)	r^2 (%)	GEBV (kg)	r^2 (%)	GEBV (kg)	r^2 (%)	GEBV	r^2 (%)	GEBV	r^2 (%)	GEBV	r^2 (%)	GEBV	r^2 (%)
	13316692	2359	1072	72	0.21	77	0.05	80	49	71	38	70	2.04	66	-2	69	-1	69	-6	77
	31120372	2359	298	72	0.35	76	0.14	79	43	71	25	70	1.90	66	4	69	1	69	4	76
	41118851	2359	648	74	0.25	78	0.10	81	40	72	30	72	1.53	68	3	71	1	70	-4	78
566	11117658	2358	965	76	0.09	80	0.03	82	36	74	29	74	1.96	70	3	72	5	72	-2	79
	12116382	2358	1568	79	-0.05	83	-0.03	85	42	78	36	78	2.22	74	2	77	-2	76	1	83
568	11117670	2357	1543	74	-0.13	78	-0.01	81	36	73	41	73	2.43	69	1	71	3	71	-6	78
	11118627	2357	1181	75	-0.26	79	0.06	81	23	73	37	73	2.05	69	4	71	4	71	-2	78
	11120619	2357	378	70	0.34	75	0.11	78	39	68	22	68	2.01	64	6	66	4	66	5	74
	14118111	2357	749	75	0.08	79	0.01	81	33	73	28	73	2.04	69	6	71	3	71	4	78
572	12116371	2356	166	78	0.31	82	0.11	84	34	77	18	77	1.47	73	5	76	4	75	7	82
	31119384	2356	526	71	0.49	76	0.07	78	49	70	22	69	2.11	65	3	67	4	67	0	75
574	37317031	2353	1670	75	-0.24	79	-0.13	82	33	74	38	74	1.99	70	2	72	3	72	-7	79
575	11117661	2352	582	74	0.20	78	0.06	81	42	72	29	72	1.82	68	1	71	-1	71	4	78
	11117682	2352	748	77	0.20	80	0.05	83	42	75	30	75	1.92	72	2	74	0	74	1	80
	11118621	2352	1128	73	-0.22	78	0.13	80	24	71	42	71	2.08	67	2	69	1	68	-2	77
	37318036	2352	1282	74	-0.25	78	-0.05	81	25	73	34	72	1.57	69	1	71	5	71	-5	78
	61220115	2352	1310	69	-0.36	74	0.01	77	20	67	38	67	2.14	62	3	65	5	65	0	73
580	12117395	2351	745	78	0.11	82	0.08	84	35	77	31	76	1.90	73	4	75	1	75	0	81
	31116147	2351	1431	78	-0.22	82	-0.03	84	28	77	38	77	1.95	73	2	76	5	75	-6	82
	31116160	2351	1380	80	-0.16	84	-0.05	86	32	79	30	79	2.26	76	6	78	3	77	3	84
583	11114668	2350	922	76	-0.14	80	-0.02	83	19	75	25	74	1.97	70	8	73	5	73	9	80
	11120521	2350	1795	72	-0.32	77	-0.09	79	30	71	36	70	3.06	66	6	68	5	68	5	76

（续）

排名	牛号	GCPI	产奶量		乳脂率		乳蛋白率		乳脂量		乳蛋白量		体细胞评分		体型总分		泌乳系统评分		肢蹄评分	
			GEBV (kg)	r^2 (%)	GEBV (%)	r^2 (%)	GEBV (%)	r^2 (%)	GEBV (kg)	r^2 (%)	GEBV (kg)	r^2 (%)	GEBV	r^2 (%)	GEBV	r^2 (%)	GEBV	r^2 (%)	GEBV	r^2 (%)
585	11114629	2348	759	83	0.08	86	-0.02	88	35	82	21	81	2.26	78	8	80	7	80	5	86
	37317025	2348	1541	78	-0.37	82	-0.18	84	27	77	28	77	2.24	73	7	75	4	74	6	81
	65117353	2348	562	77	0.13	81	0.01	84	28	76	20	76	1.82	72	9	74	7	73	3	81
588	11120611	2347	994	73	0.07	78	0.02	80	41	72	30	72	2.57	68	5	70	3	70	2	77
	14119338	2347	834	74	-0.16	79	0.11	81	25	73	32	72	1.90	68	4	71	2	71	4	79
	21217037	2347	428	72	0.34	76	0.19	79	38	71	31	70	2.15	66	4	69	1	69	1	76
	37321032	2347	725	72	0.25	77	0.03	80	46	71	28	71	2.18	67	3	70	2	69	-1	77
592	21220008	2346	211	73	0.38	77	0.18	80	39	71	25	71	1.79	67	1	69	2	69	3	77
593	21216046	2345	371	80	-0.02	83	0.11	86	15	79	22	78	1.68	75	9	77	8	77	5	83
	37317005	2345	1659	77	-0.44	81	-0.16	83	22	76	34	75	2.15	72	3	74	6	74	0	81
595	13121259	2344	670	72	0.15	76	0.08	79	38	70	28	70	1.83	66	3	69	4	69	-4	76
	14117922	2344	459	73	0.06	78	0.06	80	22	72	23	72	1.73	68	7	70	5	69	7	77
	14119337	2344	633	74	0.12	79	0.14	81	35	73	30	72	1.69	68	1	71	0	71	2	78
598	11121537	2343	999	71	0.22	76	0.11	79	43	70	35	70	2.45	66	-1	68	-3	67	7	75
	37318029	2343	1363	74	-0.02	78	-0.02	80	38	72	38	72	2.01	68	-1	71	2	70	-6	78
	37320095	2343	1758	75	-0.10	79	-0.05	82	44	74	45	73	2.12	70	-5	72	-3	72	-5	79
601	11118657	2342	715	72	0.23	76	0.07	79	38	71	30	70	2.07	67	2	69	4	69	-4	76
	14116212	2342	1049	77	-0.34	81	0.09	84	12	76	37	76	2.25	72	6	74	7	74	-1	81
	21214055	2342	1002	76	0.01	80	0.04	82	28	75	32	74	1.30	71	0	73	-1	73	3	80
	21217034	2342	1568	77	-0.22	81	-0.02	83	34	76	41	76	2.56	72	1	75	3	74	-4	81
605	11118652	2341	712	72	0.14	76	0.10	79	37	70	32	70	1.86	66	2	69	2	68	-4	76
	31115186	2341	998	78	-0.10	82	0.02	84	23	76	31	76	1.90	72	5	75	3	75	4	82

（续）

排名	牛号	GCPI	产奶量		乳脂率		乳蛋白率		乳脂量		乳蛋白量		体细胞评分		体型总分		泌乳系统评分		肢蹄评分	
			GEBV (kg)	r^2 (%)	GEBV (%)	r^2 (%)	GEBV (%)	r^2 (%)	GEBV (kg)	r^2 (%)	GEBV (kg)	r^2 (%)	GEBV	r^2 (%)	GEBV	r^2 (%)	GEBV	r^2 (%)	GEBV	r^2 (%)
	37319055	2341	806	72	-0.01	76	0.18	79	31	70	42	70	1.98	66	-1	68	-2	68	-1	76
	61220107	2341	889	74	0.12	78	0.02	81	41	72	27	72	2.22	68	3	70	2	70	2	78
	65117344	2341	1393	73	-0.29	77	-0.01	80	28	71	37	71	1.72	67	1	69	2	69	-4	77
610	11120627	2340	277	72	0.45	76	0.22	79	43	70	27	70	2.60	66	4	68	5	68	2	76
	31119472	2340	659	75	0.08	79	0.05	82	35	74	27	74	2.36	70	5	73	6	72	1	79
	37315006	2340	845	80	0.00	83	-0.06	85	35	78	24	78	1.91	75	5	77	4	77	2	83
	37317008	2340	1366	76	-0.10	80	-0.02	83	33	75	34	75	2.80	70	7	72	5	72	-1	80
614	11117603	2338	1059	76	0.07	80	0.07	83	36	75	34	74	2.42	71	5	73	3	72	-2	80
	37315017	2338	1048	77	-0.18	81	0.03	83	18	75	28	75	1.96	71	6	74	5	73	7	81
	64219516	2338	932	71	-0.13	75	0.04	78	23	70	31	69	1.89	65	3	68	5	67	1	75
	11119516*																			
617	31115401	2337	395	80	0.38	84	0.00	86	35	79	15	79	1.08	75	6	76	4	76	1	82
618	12117397	2336	966	77	-0.08	81	0.03	83	25	76	28	75	2.28	71	7	73	5	72	4	80
	15617099	2336	1120	80	-0.05	83	-0.07	85	41	78	27	78	2.62	75	4	77	3	77	4	83
	65119366	2336	1486	72	-0.11	77	-0.04	80	41	71	40	70	2.50	66	0	69	3	68	-8	77
621	11117613	2333	1041	76	-0.05	80	-0.03	82	30	74	27	74	2.23	70	6	73	6	72	-1	80
	21217029	2333	637	75	-0.06	79	0.10	82	17	74	25	73	1.67	70	7	72	5	72	6	79
623	11117679	2332	633	78	0.42	82	0.09	84	48	76	29	76	1.92	72	0	73	-1	73	-1	80
	31116150	2332	681	79	0.18	82	0.04	84	38	78	24	77	2.35	74	5	76	4	76	5	82
625	11118639	2331	1135	71	-0.14	76	0.00	79	29	69	31	69	2.28	64	3	67	6	67	-1	76
	11120523	2331	1752	73	-0.47	77	-0.08	80	21	72	37	71	2.69	67	5	70	5	69	4	77
	41121826	2331	1076	70	0.03	75	0.05	78	32	68	29	68	2.21	64	5	64	7	64	-3	73

（续）

排名	牛号	GCPI	产奶量		乳脂率		乳蛋白率		乳脂量		乳蛋白量		体细胞评分		体型总分		泌乳系统评分		肢蹄评分	
			GEBV (kg)	r^2 (%)	GEBV (%)	r^2 (%)	GEBV (%)	r^2 (%)	GEBV (kg)	r^2 (%)	GEBV (kg)	r^2 (%)	GEBV	r^2 (%)	GEBV	r^2 (%)	GEBV	r^2 (%)	GEBV	r^2 (%)
628	11115650	2330	1232	88	-0.33	91	-0.08	93	15	87	28	86	1.13	83	3	86	0	86	9	91
	11121553	2330	500	72	0.15	76	0.08	79	36	71	26	70	1.85	67	4	69	2	69	0	77
630	31118463	2329	785	74	0.14	78	0.10	81	37	73	32	72	1.87	68	3	71	-1	70	-1	78
631	11115602	2328	702	85	0.25	89	0.07	90	40	84	27	84	2.88	81	7	84	3	84	6	90
	11120608	2328	894	74	0.03	78	0.04	81	36	73	30	72	2.21	69	4	71	2	71	1	78
633	11121558	2327	412	72	0.34	76	0.13	79	42	70	25	70	1.60	66	3	69	-2	68	1	76
	37316028	2327	721	80	0.21	83	-0.09	85	42	79	17	78	1.93	75	6	77	3	77	5	83
635	13316713	2326	718	71	0.16	75	0.13	78	32	69	32	69	2.29	65	2	67	4	67	0	75
636	65120372	2325	715	73	0.29	78	0.15	80	43	72	36	72	2.56	68	-1	70	1	70	-2	77
637	11117687	2324	399	78	0.32	81	0.06	84	43	76	23	76	2.15	73	4	75	2	75	3	81
638	31116427	2323	1520	77	-0.13	81	-0.06	84	39	76	37	76	2.21	72	-1	74	0	74	-3	81
639	21214060	2322	406	77	0.24	81	0.08	83	31	76	20	76	1.44	73	3	75	4	74	3	80
	37317041	2322	924	72	-0.29	77	0.09	79	20	71	35	70	2.06	66	3	68	4	67	1	75
641	37320003	2320	1199	71	-0.21	75	0.05	78	23	69	37	69	2.19	64	1	67	4	67	0	75
	37320021	2320	190	70	0.50	75	0.15	78	43	68	26	68	1.65	63	0	66	2	65	-5	74
643	11118650	2319	1102	72	-0.26	77	0.06	80	23	71	35	70	2.28	66	3	69	4	69	1	77
	11120618	2319	293	72	0.49	76	0.17	79	45	71	25	70	1.96	66	2	68	2	68	-3	76
	12116359	2319	1406	77	-0.32	81	-0.11	83	20	76	30	75	1.86	72	5	74	4	74	1	81
	21214046	2319	359	80	-0.05	83	0.12	86	11	79	23	78	1.66	75	8	77	7	77	6	83
	37316032	2319	1239	76	-0.15	81	-0.05	83	31	75	33	75	1.71	71	0	73	0	73	-2	80
	37320116	2319	660	71	0.36	75	0.16	78	52	69	35	69	2.17	64	-3	67	-4	66	-3	75
649	12117400	2318	978	72	-0.26	77	-0.06	80	16	71	25	70	1.74	66	6	69	9	68	-1	77

（续）

排名	牛号	GCPI	产奶量		乳脂率		乳蛋白率		乳脂量		乳蛋白量		体细胞评分		体型总分		泌乳系统评分		肢蹄评分	
			GEBV (kg)	r^2 (%)	GEBV (%)	r^2 (%)	GEBV (%)	r^2 (%)	GEBV (kg)	r^2 (%)	GEBV (kg)	r^2 (%)	GEBV	r^2 (%)	GEBV	r^2 (%)	GEBV	r^2 (%)	GEBV	r^2 (%)
	13121227	2318	883	72	0.15	76	0.03	79	43	71	29	70	1.91	66	1	69	-2	68	0	76
	31118124	2318	570	72	0.39	76	0.11	79	41	71	25	71	1.75	67	1	69	1	69	0	76
	37318042	2318	1112	75	0.20	79	0.00	82	51	74	29	74	2.11	70	1	72	0	72	-6	79
	37319013	2318	710	71	0.10	76	0.12	78	30	70	32	69	2.05	65	2	68	4	68	-2	75
654	13214092	2317	1207	80	-0.21	84	-0.03	86	21	79	28	79	2.31	76	6	78	8	78	0	84
	21217011	2317	1283	75	-0.05	80	0.01	82	32	74	33	74	1.84	70	1	72	-1	72	1	79
	37317054	2317	733	78	-0.01	82	0.00	84	29	77	25	76	2.01	73	6	74	4	74	1	81
	61220119	2317	1247	74	-0.22	78	0.00	81	27	73	36	72	2.22	69	1	71	4	71	-4	78
658	11116623	2316	1025	73	0.00	78	-0.03	81	35	72	27	71	2.21	67	2	69	3	69	3	77
	11119679	2316	572	74	0.28	78	0.01	80	38	72	20	72	1.71	68	2	70	3	70	3	77
	31117449	2316	603	77	0.06	81	0.14	83	27	76	34	75	1.99	72	2	74	1	74	1	81
661	11117666	2315	1043	75	0.03	79	0.10	81	34	74	37	73	2.21	70	0	72	1	72	-5	79
	13119168	2315	502	71	0.31	75	0.07	78	41	69	25	69	2.57	65	4	67	3	67	3	75
	13120401	2315	1251	72	-0.02	76	-0.06	79	37	71	31	70	1.72	66	-1	69	-2	69	1	76
	21214044	2315	819	77	0.17	81	0.05	83	36	76	26	75	2.15	72	4	74	1	73	6	80
	37315008	2315	300	77	0.25	81	0.11	84	28	76	22	76	1.49	72	5	75	4	74	1	81
666	21216057	2314	450	77	0.25	81	0.07	83	33	76	21	76	1.42	73	2	75	3	74	1	81
667	13118340	2313	513	73	0.27	78	0.06	80	39	72	22	72	2.13	68	3	70	1	70	7	77
	31118121	2313	643	71	0.29	76	0.03	79	39	70	20	69	1.97	65	4	68	2	67	5	76
669	12116381	2312	1445	76	-0.38	80	-0.02	82	17	74	36	74	1.94	70	4	73	3	72	-1	80
	13316097	2312	1949	75	-0.27	79	-0.09	81	39	74	41	73	2.92	69	-1	72	1	71	-3	79
671	11115637	2311	1524	80	-0.37	83	-0.10	86	21	78	32	78	1.82	74	4	79	1	79	2	86

（续）

排名	牛号	GCPI	产奶量		乳脂率		乳蛋白率		乳脂量		乳蛋白量		体细胞评分		体型总分		泌乳系统评分		肢蹄评分	
			GEBV (kg)	r^2 (%)	GEBV (%)	r^2 (%)	GEBV (%)	r^2 (%)	GEBV (kg)	r^2 (%)	GEBV (kg)	r^2 (%)	GEBV	r^2 (%)	GEBV	r^2 (%)	GEBV	r^2 (%)	GEBV	r^2 (%)
	14117401	2311	587	78	0.05	81	0.08	84	27	76	25	76	2.15	72	7	74	3	74	4	81
	21218005	2311	1478	73	-0.24	78	-0.09	80	37	72	36	72	2.31	68	1	70	-1	70	-1	78
	21218007	2311	809	75	0.32	79	-0.01	82	50	74	25	74	2.19	70	2	72	-1	72	2	79
675	11117615	2310	707	76	0.00	80	-0.01	83	26	75	22	75	2.24	71	7	72	6	72	6	79
	21218016	2310	1143	73	0.16	77	0.06	80	43	72	33	71	2.20	67	-2	70	-1	69	-1	77
677	37317052	2308	669	78	0.18	82	-0.03	84	37	77	22	76	2.05	73	4	75	5	75	-2	82
678	37317058	2307	868	76	-0.22	80	-0.04	83	15	75	25	74	2.20	70	8	72	7	72	6	79
679	21214039	2306	689	77	0.03	81	-0.02	84	21	76	17	75	1.64	72	8	75	6	74	5	81
	37316034	2306	633	74	-0.03	78	0.05	80	21	72	25	72	2.08	68	8	70	4	69	4	77
	37319043	2306	142	74	0.23	78	0.20	80	27	72	27	72	1.75	68	2	70	2	70	2	77
	41118834	2306	537	72	0.23	77	0.07	80	32	71	25	70	1.61	66	2	69	4	68	-5	77
	41118854	2306	646	73	0.34	77	0.07	80	46	72	26	71	2.30	68	0	70	1	70	3	77
684	11117628	2305	1268	78	-0.16	82	-0.09	85	27	77	27	76	2.44	70	5	74	5	74	3	82
685	13316095	2304	1157	75	-0.08	79	0.05	82	35	74	33	74	2.16	70	0	72	-1	72	1	79
	15520021	2304	-47	70	0.45	75	0.20	77	35	68	21	68	1.73	64	2	66	3	66	1	74
687	11119687	2303	691	72	0.21	76	0.07	79	44	70	30	70	2.06	66	-1	69	-1	69	-2	76
	21216006	2303	202	77	0.04	81	0.04	83	12	75	15	75	1.67	71	10	74	8	73	8	81
	37319037	2303	744	71	0.15	76	0.17	79	40	70	38	69	1.89	65	-3	68	-4	67	-3	75
690	11115608	2302	621	80	0.08	84	0.02	87	25	79	21	79	1.92	75	6	77	5	77	3	84
	12116377	2302	925	77	-0.04	81	0.04	83	25	76	29	75	2.18	72	5	74	3	74	2	80
692	11116621	2300	903	74	0.11	78	-0.09	81	38	72	20	72	1.99	68	4	70	2	70	4	78
693	11119676	2299	1156	74	0.05	78	-0.03	81	37	73	27	73	2.15	69	1	72	2	71	1	78

（续）

排名	牛号	GCPI	产奶量		乳脂率		乳蛋白率		乳脂量		乳蛋白量		体细胞评分		体型总分		泌乳系统评分		肢蹄评分	
			GEBV (kg)	r^2 (%)	GEBV (%)	r^2 (%)	GEBV (%)	r^2 (%)	GEBV (kg)	r^2 (%)	GEBV (kg)	r^2 (%)	GEBV	r^2 (%)	GEBV	r^2 (%)	GEBV	r^2 (%)	GEBV	r^2 (%)
694	12118407	2298	1107	78	0.02	81	-0.07	84	37	77	26	76	1.95	73	1	75	0	75	2	81
	21216055	2298	1162	76	-0.18	80	-0.15	83	28	75	20	75	2.44	71	6	73	7	73	6	80
696	11117698	2297	478	73	0.41	77	-0.01	80	40	71	14	71	1.63	67	4	70	3	69	3	77
	11118633	2297	607	74	-0.03	78	0.13	81	21	72	30	72	2.05	67	3	70	5	70	-1	78
698	65118356	2296	244	75	0.47	79	0.13	82	37	74	19	73	1.79	70	3	72	2	72	3	79
699	21218002	2295	770	73	-0.02	77	0.06	80	27	71	29	71	2.31	67	4	69	3	68	3	76
700	11117632	2294	837	70	0.05	75	-0.01	78	30	68	23	68	1.35	64	3	66	2	66	-3	74
	13119172	2294	594	72	0.14	76	0.16	79	37	71	33	70	2.34	66	-1	68	1	68	-1	76
	41121828	2294	1417	68	-0.27	73	-0.06	76	26	67	33	66	2.56	62	4	64	4	64	-1	72
703	12118405	2293	1150	73	0.20	78	0.00	80	44	72	28	72	2.27	68	0	70	1	70	-2	78
	37314036	2293	1180	76	-0.25	80	-0.28	83	21	75	11	75	1.94	71	10	73	10	73	7	80
705	37317039	2292	933	74	0.10	79	-0.03	81	31	73	25	72	2.03	68	3	70	6	70	-3	78
	61218106	2292	98	73	0.35	78	0.12	81	33	72	18	71	1.58	67	3	70	3	70	1	78
707	11118661	2291	548	73	0.12	78	0.01	80	32	72	23	71	1.88	68	2	70	3	70	1	77
708	37317056	2290	396	74	0.19	79	0.08	81	27	73	21	72	1.84	68	5	71	5	71	0	79
709	11118612	2287	446	77	0.00	81	0.08	83	18	76	24	75	1.74	72	6	72	6	72	-1	79
	21214042	2287	1149	78	-0.10	82	-0.07	84	29	77	24	76	1.44	73	3	75	0	75	1	82
711	37315014	2286	832	78	-0.04	82	-0.02	84	30	77	26	77	1.82	73	1	75	1	74	3	81
712	21214041	2285	820	79	0.10	82	0.02	84	36	77	26	77	1.87	74	0	76	2	76	-2	82
	61220110	2285	844	72	0.15	77	0.09	79	39	71	31	70	2.27	66	0	69	-2	68	2	76
714	21215010	2284	1398	72	-0.34	77	0.04	79	16	70	38	70	2.25	66	3	68	3	68	-3	76
	37317001	2284	870	78	0.22	82	0.05	85	44	77	31	77	1.97	73	-3	74	-2	74	-2	81

（续）

排名	牛号	GCPI	产奶量		乳脂率		乳蛋白率		乳脂量		乳蛋白量		体细胞评分		体型总分		泌乳系统评分		肢蹄评分	
			GEBV (kg)	r^2 (%)	GEBV (%)	r^2 (%)	GEBV (%)	r^2 (%)	GEBV (kg)	r^2 (%)	GEBV (kg)	r^2 (%)	GEBV	r^2 (%)	GEBV	r^2 (%)	GEBV	r^2 (%)	GEBV	r^2 (%)
	41121829	2284	891	64	0.02	69	-0.04	72	33	63	24	62	1.75	58	2	60	0	60	2	68
717	21216011	2283	66	79	0.27	82	0.05	84	29	78	12	77	1.90	74	8	76	8	76	2	82
718	11117690	2280	477	76	0.26	80	0.13	82	37	74	30	74	2.16	70	-1	72	1	71	-2	79
	14117409	2280	184	76	0.19	80	0.03	83	22	75	13	75	1.46	71	8	74	4	73	6	80
	21214023	2280	562	78	-0.03	81	-0.04	84	22	76	16	76	1.39	72	6	75	4	74	4	81
721	14117607	2279	521	77	0.33	81	0.09	84	44	76	27	76	1.65	72	-2	74	-3	74	-1	81
722	11118601	2278	1011	73	0.06	77	-0.06	80	39	71	25	71	1.91	67	2	68	-1	68	-1	76
	41117821	2278	864	76	-0.11	80	0.01	82	23	75	29	74	1.88	71	2	73	3	73	-1	80
724	11114609	2277	391	80	0.14	84	0.13	86	26	78	25	78	1.78	74	2	77	1	77	4	84
725	11116696	2276	1035	76	0.03	80	0.02	83	33	75	29	75	2.25	71	1	73	0	73	1	80
	21216005	2276	228	75	0.16	80	0.07	82	20	74	17	73	1.62	69	7	72	5	72	4	79
	65120381	2276	355	71	0.13	75	0.11	78	25	69	23	69	1.83	65	5	67	5	67	-2	75
728	14115116	2275	595	74	0.07	78	0.05	81	30	73	24	72	2.19	69	3	71	4	71	1	78
	41118833	2275	571	72	0.37	77	0.10	79	40	70	22	70	1.95	65	0	68	1	68	1	76
	61220109	2275	775	74	0.10	78	0.06	80	37	73	28	73	2.35	69	2	71	1	71	-1	77
731	65117350	2274	777	72	0.06	77	0.01	80	30	71	25	70	1.45	67	2	69	1	69	-4	77
732	21214030	2273	100	79	0.22	82	0.12	85	21	77	18	77	1.45	73	4	76	3	75	6	82
	65117345	2273	1242	74	-0.18	78	-0.14	81	28	72	27	72	1.73	68	2	71	1	70	-2	78
734	21214066	2272	761	79	-0.02	82	0.03	85	27	78	27	77	2.26	74	4	76	3	76	1	82
	21217009	2272	1109	77	-0.08	81	-0.05	83	31	76	27	75	2.24	71	2	72	2	72	2	79
736	11120605	2271	562	73	0.34	77	0.03	80	45	72	22	71	1.76	67	1	70	-3	70	2	77
	21214054	2271	614	76	-0.07	80	-0.02	82	15	74	21	74	1.63	70	5	73	3	72	8	80

（续）

排名	牛号	GCPI	产奶量		乳脂率		乳蛋白率		乳脂量		乳蛋白量		体细胞评分		体型总分		泌乳系统评分		肢蹄评分	
			GEBV (kg)	r^2 (%)	GEBV (%)	r^2 (%)	GEBV (%)	r^2 (%)	GEBV (kg)	r^2 (%)	GEBV (kg)	r^2 (%)	GEBV	r^2 (%)	GEBV	r^2 (%)	GEBV	r^2 (%)	GEBV	r^2 (%)
738	11117801	2270	490	73	0.26	78	0.04	80	33	72	17	72	1.40	68	3	70	0	70	3	78
	31119386	2270	592	71	0.43	76	-0.02	79	48	70	17	70	2.20	65	3	67	3	67	-1	75
	37320103	2270	946	68	-0.03	73	0.01	76	32	67	31	66	1.58	61	-2	64	1	64	-8	73
741	11115610	2269	680	78	0.09	82	-0.10	85	24	77	15	77	1.89	73	8	75	7	74	2	82
	13118338	2269	552	74	0.24	78	0.02	81	37	72	20	72	1.87	68	1	70	-1	70	6	78
	31120374	2269	314	70	0.23	75	0.11	78	40	69	25	69	2.00	65	1	67	2	67	-5	75
744	11114620	2268	370	77	-0.03	81	0.05	84	13	76	18	75	1.95	72	6	74	8	74	7	81
	14115072	2268	848	76	-0.17	80	0.01	83	19	75	27	74	1.82	70	3	74	3	73	0	81
746	41118837	2267	904	77	-0.10	81	0.10	83	24	75	31	75	2.15	72	0	74	1	73	1	80
747	13316685	2266	1463	74	-0.21	78	-0.12	80	31	72	32	72	2.27	68	-1	71	0	70	-1	78
748	11117802	2265	149	75	0.13	79	-0.10	82	26	74	8	73	1.04	69	6	72	5	72	3	79
	14117923	2265	543	77	0.28	81	0.06	83	41	76	24	76	2.16	73	1	75	1	74	-1	81
	31116428	2265	1020	75	-0.13	79	-0.03	81	27	73	28	73	2.19	69	2	71	5	70	-4	78
	31119381	2265	239	74	0.40	78	0.13	81	36	73	21	72	1.74	69	1	71	2	70	-1	78
752	14117012	2264	556	76	-0.16	80	-0.01	83	13	75	17	75	1.61	71	7	73	7	73	2	80
	61220120	2264	1126	70	-0.28	75	-0.04	78	23	69	34	68	2.40	64	2	66	3	66	-1	74
754	31118120	2263	496	69	0.28	74	0.05	76	34	68	20	67	1.77	64	2	66	0	66	4	74
755	14117921	2262	710	76	0.01	80	0.03	83	30	75	25	75	2.29	71	4	74	2	73	2	80
	37315009	2262	773	79	0.04	83	-0.06	85	24	77	22	77	1.91	73	3	75	4	74	2	81
757	21214048	2258	693	79	0.04	82	0.05	85	31	78	28	77	2.28	74	2	76	2	76	-1	82
	21216007	2258	886	75	-0.04	79	0.04	82	24	73	26	73	2.60	69	4	70	4	69	5	78
	31116431	2258	1537	76	-0.28	80	-0.16	83	31	75	32	75	2.54	71	2	73	1	73	-1	80

（续）

排名	牛号	GCPI	产奶量		乳脂率		乳蛋白率		乳脂量		乳蛋白量		体细胞评分		体型总分		泌乳系统评分		肢蹄评分	
			GEBV (kg)	r^2 (%)	GEBV (%)	r^2 (%)	GEBV (%)	r^2 (%)	GEBV (kg)	r^2 (%)	GEBV (kg)	r^2 (%)	GEBV	r^2 (%)	GEBV	r^2 (%)	GEBV	r^2 (%)	GEBV	r^2 (%)
760	11114671	2257	17	80	0.11	84	0.03	86	16	78	7	78	1.80	74	11	77	9	76	8	84
761	13316701	2256	770	75	0.02	79	0.05	81	26	73	27	73	2.29	69	3	72	4	71	-1	79
762	11117689	2254	968	75	0.02	79	0.11	82	34	74	36	74	2.38	70	-3	72	-1	71	-3	78
	37318050	2254	920	74	-0.08	78	0.14	81	29	73	37	72	2.26	69	-2	71	0	71	-6	78
	61216065	2254	-211	79	0.37	82	0.21	85	21	77	18	77	1.55	74	3	76	4	76	3	82
765	21218009	2252	286	74	0.39	78	0.08	81	40	73	19	72	1.88	69	3	71	-1	71	2	78
	37317038	2252	555	73	0.10	77	0.09	80	27	71	26	71	1.54	67	0	70	0	69	-2	77
767	21216043	2251	1011	73	-0.28	77	-0.06	80	18	71	23	71	2.41	67	6	69	5	69	5	77
768	15519027	2250	549	72	0.22	76	0.05	79	34	71	23	70	1.96	66	2	68	2	68	-2	76
	37314051	2250	272	74	0.09	78	0.09	81	22	72	19	72	1.64	68	4	70	2	70	5	78
770	11115631	2247	398	76	0.10	80	0.01	83	23	75	16	74	1.50	71	4	73	3	73	3	80
771	13316099	2245	1329	76	-0.17	80	-0.01	82	31	75	34	74	2.52	71	0	73	0	72	-2	79
	13316691	2245	481	75	0.24	79	0.09	82	33	73	25	73	2.40	69	3	72	3	71	-3	79
773	12118403	2244	681	75	0.04	80	0.03	82	27	74	23	74	2.03	70	4	72	0	72	3	79
	37319029	2244	1207	71	-0.09	76	-0.04	78	32	70	30	69	2.34	65	0	67	1	67	-1	75
775	31116424	2243	752	77	-0.06	81	0.00	83	21	75	24	75	1.92	71	3	73	5	72	-3	80
776	12117387	2242	799	75	0.03	80	-0.01	82	31	74	25	73	2.01	69	2	72	-1	71	0	79
	21216010	2242	922	74	-0.29	78	0.09	81	10	73	32	72	2.20	68	4	71	4	71	-1	78
778	11116666	2240	1081	78	-0.30	82	-0.05	85	15	77	28	76	1.83	72	3	75	5	75	-5	82
	21215001	2240	858	78	-0.16	82	0.04	84	15	76	27	76	2.15	72	3	75	2	75	4	82
780	14117919	2238	663	72	0.26	77	-0.01	79	37	71	21	71	1.93	67	2	69	1	69	-4	76
	37317045	2238	725	74	0.00	78	0.00	80	25	72	23	72	1.99	69	3	71	2	70	1	78

（续）

排名	牛号	GCPI	产奶量		乳脂率		乳蛋白率		乳脂量		乳蛋白量		体细胞评分		体型总分		泌乳系统评分		肢蹄评分	
			GEBV (kg)	r^2 (%)	GEBV (%)	r^2 (%)	GEBV (%)	r^2 (%)	GEBV (kg)	r^2 (%)	GEBV (kg)	r^2 (%)	GEBV	r^2 (%)	GEBV	r^2 (%)	GEBV	r^2 (%)	GEBV	r^2 (%)
	61220116	2238	1464	71	-0.40	76	-0.06	79	23	70	37	70	2.61	66	1	68	1	67	-3	75
783	13316714	2237	856	72	-0.01	76	0.07	79	28	70	30	70	2.11	66	0	68	0	68	-2	76
	37315025	2237	1075	75	-0.28	79	-0.04	82	13	74	24	73	2.30	70	6	72	5	71	4	79
	37320072	2237	-10	71	0.29	75	0.25	78	27	69	25	69	1.83	64	1	67	0	66	1	75
786	11116685	2236	826	76	-0.03	80	-0.09	83	23	75	19	74	2.58	70	6	73	5	72	6	80
787	11119691	2234	282	73	0.05	77	0.09	80	20	71	18	71	2.12	67	5	69	4	68	7	76
788	31116152	2233	21	79	0.58	83	0.09	85	46	78	15	78	2.07	75	2	77	1	77	1	83
789	37314044	2231	-47	77	0.19	81	0.15	84	14	76	17	76	1.75	72	3	74	7	74	5	81
790	21214029	2229	868	77	-0.20	81	-0.14	83	18	76	15	75	2.00	72	7	74	5	74	6	81
791	11115629	2228	468	75	0.21	79	0.09	82	30	74	23	73	2.12	70	1	72	2	71	-1	79
	31115200	2228	1148	80	-0.13	84	-0.09	86	23	79	24	78	2.03	75	2	76	4	75	-1	83
	37314059	2228	750	74	-0.05	78	-0.02	81	24	72	21	72	2.22	68	3	70	3	70	4	78
794	21214031	2227	702	76	-0.22	80	-0.12	83	15	75	15	74	1.77	71	7	73	6	73	2	80
	37319021	2227	641	71	0.18	75	0.12	78	32	69	27	69	2.01	65	-2	67	0	67	-2	75
796	11115636	2226	969	75	-0.28	80	-0.02	82	10	74	27	74	1.82	70	3	73	1	72	2	80
797	11117685	2225	286	77	0.29	81	0.08	83	35	75	21	75	1.57	71	-2	73	0	73	-3	80
	37314054	2225	-136	78	0.28	82	0.04	84	25	77	7	76	1.49	73	6	75	7	75	2	81
799	37315035	2219	-268	74	0.42	78	0.18	81	29	72	18	71	1.60	67	2	70	0	70	0	78
800	21216009	2218	153	73	0.14	77	0.15	80	15	71	21	71	1.84	67	4	69	4	69	1	77
801	14117924	2217	390	77	0.25	81	0.05	83	37	76	22	76	1.81	73	-1	75	-2	75	-1	81
802	21216048	2216	1209	77	-0.12	81	-0.11	84	29	76	24	75	2.35	71	2	73	3	73	-3	80
	37316012	2216	880	80	0.06	83	-0.02	85	35	79	24	78	2.04	75	0	78	0	77	-4	84

（续）

排名	牛号	GCPI	产奶量		乳脂率		乳蛋白率		乳脂量		乳蛋白量		体细胞评分		体型总分		泌乳系统评分		肢蹄评分	
			GEBV (kg)	r^2 (%)	GEBV (%)	r^2 (%)	GEBV (%)	r^2 (%)	GEBV (kg)	r^2 (%)	GEBV (kg)	r^2 (%)	GEBV	r^2 (%)	GEBV	r^2 (%)	GEBV	r^2 (%)	GEBV	r^2 (%)
	37317004	2216	371	78	0.13	82	0.05	84	26	77	20	77	2.38	73	4	75	3	75	3	82
	64220516 11120516*	2216	1352	72	0.03	76	0.01	79	35	71	32	70	2.42	67	-2	69	-2	68	-4	76
806	11115622	2215	1091	88	-0.39	91	0.06	93	8	87	34	87	2.40	84	3	89	2	88	1	93
807	21216008	2214	-155	78	0.39	82	0.02	84	29	77	5	77	1.84	73	7	75	7	75	3	82
808	11120635	2213	51	70	0.42	75	0.16	78	36	69	19	68	2.03	64	0	67	1	66	0	74
	11121503	2213	184	72	0.13	76	0.07	79	23	71	21	70	1.98	66	3	69	1	68	3	76
810	11119503	2212	128	71	0.25	75	0.24	78	27	69	24	69	1.85	64	1	67	1	67	-4	75
811	37114985	2210	559	73	0.11	78	-0.01	80	23	72	15	72	2.14	68	6	70	4	70	2	77
812	37315011	2209	890	74	-0.24	79	-0.17	81	16	73	12	72	1.94	69	7	71	5	70	7	78
	65119370	2209	124	71	0.45	76	-0.01	79	35	70	7	69	1.90	65	3	68	5	67	3	76
814	12115351	2208	248	70	0.29	75	0.15	78	30	68	21	68	1.93	64	0	66	-1	65	2	74
815	37316016	2207	507	78	-0.15	81	-0.02	84	12	76	18	76	1.54	72	6	75	2	75	4	81
	37316038	2207	1103	77	0.03	81	-0.02	83	35	76	31	75	1.71	72	-5	74	-4	73	-7	81
817	31115201	2204	1161	82	-0.43	86	-0.13	88	9	81	21	80	2.10	77	5	76	6	75	2	83
818	13316698	2203	660	70	0.12	75	0.03	78	30	69	26	68	1.59	64	-3	67	-1	66	-6	75
819	14115830	2202	660	75	-0.08	79	-0.04	82	19	74	19	73	2.11	69	3	72	1	71	8	79
820	11119673	2198	838	72	0.02	76	-0.03	79	28	71	21	70	2.12	66	1	69	3	68	-4	76
	21215011	2198	1057	71	-0.15	75	-0.09	78	24	69	21	69	2.13	65	1	67	3	67	-1	75
822	13316707	2197	933	74	-0.08	78	-0.04	81	23	72	24	72	2.22	68	2	70	3	70	-2	78
	37319022	2197	547	75	-0.04	79	0.07	82	20	74	23	73	2.00	69	2	72	2	72	0	79
824	11118638	2196	665	71	-0.08	76	0.03	79	22	70	25	70	1.92	65	-1	68	2	68	-2	76

（续）

排名	牛号	GCPI	产奶量		乳脂率		乳蛋白率		乳脂量		乳蛋白量		体细胞评分		体型总分		泌乳系统评分		肢蹄评分	
			GEBV (kg)	r^2 (%)	GEBV (%)	r^2 (%)	GEBV (%)	r^2 (%)	GEBV (kg)	r^2 (%)	GEBV (kg)	r^2 (%)	GEBV	r^2 (%)	GEBV	r^2 (%)	GEBV	r^2 (%)	GEBV	r^2 (%)
825	11119675	2195	237	74	0.28	78	0.15	81	31	73	23	72	1.75	68	-2	71	-2	70	-2	78
826	21214062	2194	472	79	0.03	82	0.09	85	21	78	24	78	2.28	74	2	76	2	76	-1	82
	37314042	2194	517	75	-0.06	79	-0.03	82	17	73	18	73	2.09	68	3	71	3	71	6	79
828	11114619	2193	1005	76	-0.14	80	-0.13	83	22	75	16	74	1.78	71	2	73	2	72	3	80
	13316717	2193	574	72	0.23	77	0.03	80	31	71	20	71	1.77	67	-1	69	3	69	-7	77
	21216037	2193	514	78	0.25	82	0.09	84	35	77	25	76	2.18	73	0	75	0	75	-6	81
831	11117605	2192	615	77	-0.14	81	-0.07	83	20	76	17	75	2.66	72	6	74	7	74	1	81
832	37315036	2191	258	73	0.25	77	0.18	80	28	72	25	71	2.06	67	0	70	-1	69	-2	77
	61216080	2191	1064	80	-0.29	83	-0.01	85	22	79	30	78	2.18	75	2	77	-3	77	-1	83
834	37315027	2190	608	74	-0.07	79	0.03	81	14	73	20	72	1.69	69	3	71	2	71	1	79
835	11114660	2189	-117	80	-0.10	84	0.07	86	-1	79	11	79	1.88	75	9	78	9	77	7	84
	21214017	2189	1317	69	-0.45	74	-0.15	77	10	67	24	67	1.85	62	3	64	2	64	1	73
	37315019	2189	221	75	0.05	79	0.09	82	12	74	17	73	1.58	69	3	72	3	71	3	79
838	11120518	2188	806	72	0.03	76	-0.01	79	27	70	22	70	2.20	66	0	68	3	68	-3	76
	12116373	2188	654	74	-0.03	78	0.14	81	16	73	28	73	1.66	69	-1	71	-2	71	-2	78
840	21214053	2187	870	75	-0.05	79	0.02	82	23	73	27	73	2.15	69	0	71	0	70	-3	78
	61220111	2187	335	72	0.16	77	0.05	80	32	71	19	70	2.03	66	1	69	1	68	-2	76
842	37316020	2185	1041	77	-0.35	81	-0.04	83	11	76	24	75	2.03	72	5	75	0	75	3	82
843	11120535	2184	1408	72	-0.40	76	-0.02	79	19	70	38	70	2.99	66	1	68	-1	68	-1	76
	37314041	2184	227	75	0.20	79	0.05	82	27	74	16	73	1.65	70	1	72	-1	72	3	79
845	14116323	2183	465	78	0.03	82	0.03	84	19	77	17	77	2.03	73	2	76	2	75	6	82
846	53214174	2182	274	78	0.12	82	0.16	84	20	77	24	76	2.15	73	1	75	3	74	-2	81

（续）

排名	牛号	GCPI	产奶量		乳脂率		乳蛋白率		乳脂量		乳蛋白量		体细胞评分		体型总分		泌乳系统评分		肢蹄评分	
			GEBV (kg)	r^2 (%)	GEBV (%)	r^2 (%)	GEBV (%)	r^2 (%)	GEBV (kg)	r^2 (%)	GEBV (kg)	r^2 (%)	GEBV	r^2 (%)	GEBV	r^2 (%)	GEBV	r^2 (%)	GEBV	r^2 (%)
847	37315040	2177	983	78	-0.38	82	-0.10	84	5	77	19	76	2.29	73	6	75	7	75	4	82
848	41121830	2176	339	64	0.13	69	-0.04	72	23	62	12	62	1.55	58	3	59	3	59	-1	68
849	31115407	2174	839	79	0.01	83	0.08	86	28	78	32	78	2.35	74	-3	76	-4	75	-3	82
850	11114657	2173	638	80	-0.08	84	-0.05	86	14	78	15	78	1.21	74	4	77	1	76	-2	84
	12116376	2173	701	78	-0.19	82	-0.05	84	11	77	17	76	1.48	73	3	75	2	75	1	82
	31119393	2173	850	76	-0.25	80	-0.03	83	12	75	21	75	2.05	71	1	74	3	73	3	80
853	14115831	2172	357	71	0.25	75	0.09	78	29	69	17	69	1.81	65	-1	67	0	67	0	75
854	11114652	2171	615	79	-0.01	84	-0.02	86	16	78	16	78	1.79	74	4	76	3	76	2	83
	21217006	2171	737	77	-0.09	81	-0.05	84	21	76	20	75	2.46	71	2	73	2	72	3	80
	61216084	2171	955	76	-0.17	80	-0.10	83	20	74	20	74	1.94	70	2	73	1	73	0	80
857	11115630	2170	867	76	-0.10	80	-0.01	82	24	74	22	74	2.17	70	1	73	0	72	-1	80
	37316003	2170	978	76	-0.24	80	-0.11	83	14	75	19	75	1.87	71	4	74	4	74	-2	81
859	11116679	2163	564	75	0.02	79	0.00	82	21	74	18	73	2.12	69	3	71	2	71	0	78
	31115693	2163	235	79	0.23	82	0.16	84	30	78	26	77	2.12	74	-2	76	-3	75	-2	81
861	21217024	2162	520	73	0.08	77	0.00	80	25	72	17	71	2.35	67	2	70	4	69	-1	77
	37314057	2162	373	74	0.09	78	0.10	81	22	72	22	72	2.00	68	1	71	-1	71	0	79
863	11114611	2160	-23	77	0.25	81	0.02	84	23	76	11	76	1.72	72	2	75	2	74	3	81
	12116368	2160	196	78	0.03	82	0.07	84	18	77	16	77	2.00	74	4	76	3	75	1	82
	31119467	2160	486	72	0.06	77	0.01	79	18	71	14	70	1.49	66	2	70	0	69	2	77
866	21215003	2159	829	70	-0.03	75	-0.05	78	21	69	21	68	2.21	64	0	66	1	66	2	74
	61218095	2159	751	73	-0.15	77	0.04	80	19	72	28	71	2.50	68	1	70	1	70	-4	77
868	14117329	2157	608	80	0.08	83	-0.01	85	29	78	20	78	2.16	75	1	77	-1	77	-1	83

（续）

排名	牛号	GCPI	产奶量		乳脂率		乳蛋白率		乳脂量		乳蛋白量		体细胞评分		体型总分		泌乳系统评分		肢蹄评分	
			GEBV (kg)	r^2 (%)	GEBV (%)	r^2 (%)	GEBV (%)	r^2 (%)	GEBV (kg)	r^2 (%)	GEBV (kg)	r^2 (%)	GEBV	r^2 (%)	GEBV	r^2 (%)	GEBV	r^2 (%)	GEBV	r^2 (%)
869	12116364	2156	895	74	-0.23	78	0.04	80	12	72	28	72	1.67	68	-2	70	-1	70	-2	78
	37315007	2156	653	76	0.07	80	-0.05	83	24	75	16	75	1.73	71	0	73	1	73	-1	80
871	11120527	2155	834	75	-0.08	79	-0.10	82	20	74	15	74	2.14	70	4	72	1	72	3	79
	12118408	2155	951	77	-0.16	81	-0.06	83	25	76	27	75	2.02	72	-2	74	-3	74	-4	81
873	21214016	2154	-141	77	-0.12	81	0.14	83	-1	76	16	76	1.93	72	6	74	5	74	5	81
	21215004	2154	653	78	-0.21	82	-0.08	84	8	77	13	77	1.86	73	7	75	7	75	-1	82
875	41121827	2152	-207	69	0.26	74	0.06	76	18	68	6	68	2.10	64	7	66	3	65	9	73
876	12116379	2151	977	76	-0.45	80	-0.07	83	4	75	24	75	2.03	71	4	73	3	73	-1	80
	21217031	2151	830	76	0.01	80	0.00	82	26	74	23	74	2.05	70	-2	72	-2	72	-1	79
878	11115612	2149	470	78	-0.02	82	0.01	84	16	77	16	76	2.12	73	6	75	3	75	-1	82
879	11117697	2148	135	72	0.40	77	0.06	80	33	70	12	70	1.96	66	1	68	-1	68	2	77
	37315038	2148	201	75	0.03	80	0.16	83	9	74	19	73	1.76	69	3	71	2	71	1	79
881	11114656	2145	731	79	-0.06	83	-0.02	86	17	78	21	78	1.67	74	0	76	-3	76	1	83
	21214027	2145	750	75	-0.24	79	-0.05	82	9	74	21	73	2.16	70	2	72	3	72	3	79
883	11115613	2144	310	80	0.09	84	0.01	86	15	78	12	78	1.33	74	4	77	4	77	-5	84
884	31114687	2142	523	81	-0.12	84	-0.10	87	9	80	8	79	1.74	76	4	79	9	79	0	85
885	11115603	2141	390	78	-0.03	81	-0.06	84	15	76	10	76	1.94	72	6	75	2	75	7	82
886	14116328	2140	604	76	-0.14	80	-0.11	82	12	75	15	74	1.99	70	3	73	6	73	-2	80
	21215002	2140	731	77	-0.41	81	0.03	83	2	76	24	76	2.00	72	4	74	2	74	-1	81
888	11115619	2138	19	78	0.03	82	0.08	85	9	77	13	76	1.92	73	3	75	3	75	6	82
	12114330	2138	300	78	-0.01	82	-0.05	84	16	77	9	77	2.12	74	5	76	4	75	6	82
890	11115618	2135	28	76	0.15	80	0.21	83	11	74	21	74	1.70	69	1	72	-2	72	2	80

（续）

排名	牛号	GCPI	产奶量		乳脂率		乳蛋白率		乳脂量		乳蛋白量		体细胞评分		体型总分		泌乳系统评分		肢蹄评分	
			GEBV (kg)	r^2 (%)	GEBV (%)	r^2 (%)	GEBV (%)	r^2 (%)	GEBV (kg)	r^2 (%)	GEBV (kg)	r^2 (%)	GEBV	r^2 (%)	GEBV	r^2 (%)	GEBV	r^2 (%)	GEBV	r^2 (%)
	37314055	2135	-102	77	0.23	81	0.19	83	17	75	19	75	1.79	71	-1	74	0	73	0	81
892	37315030	2134	820	73	-0.19	78	-0.06	80	17	72	21	71	1.98	66	0	70	-2	69	2	77
893	37114981	2132	871	75	-0.19	79	-0.03	82	14	74	23	73	2.27	70	1	73	3	72	-4	79
	37316014	2132	506	76	0.02	80	0.01	82	19	74	18	74	1.90	70	1	73	0	72	0	80
895	12115356	2131	899	77	-0.38	81	-0.05	83	9	76	23	76	2.36	72	1	74	0	74	5	80
896	11120633	2129	-378	71	0.56	76	0.23	79	33	70	15	70	1.95	66	-1	68	-1	68	-3	75
897	37317046	2128	447	73	-0.08	77	-0.08	80	16	71	12	71	1.74	67	3	70	1	69	1	77
898	37315023	2127	89	72	0.05	77	0.18	80	14	71	22	70	1.85	67	0	69	-2	68	1	76
899	37314060	2126	52	77	0.14	81	0.14	83	15	76	18	75	1.92	71	1	74	0	74	2	81
	61216085	2126	333	75	0.26	79	0.05	82	30	74	18	73	1.86	69	-2	72	-2	72	-5	79
901	21214026	2119	973	76	-0.18	80	-0.21	83	23	75	15	74	1.94	70	2	73	1	72	-3	80
902	11120517	2118	298	72	0.33	77	0.09	79	30	71	17	70	2.03	67	-2	69	-1	69	-3	76
	21214037	2118	120	78	0.12	82	0.07	85	16	77	16	77	1.81	73	-1	75	1	75	2	82
	31116444	2118	-56	74	0.38	78	0.08	81	31	73	15	73	1.59	69	-2	71	-3	71	-5	78
	37314005	2118	629	70	-0.10	75	-0.03	78	16	68	19	68	1.70	64	0	65	0	65	-3	74
906	11115627	2117	355	79	0.09	82	-0.08	85	18	77	10	77	1.80	73	2	76	2	75	3	82
	14117405	2117	582	78	0.05	82	0.00	84	25	77	19	77	2.26	73	1	75	-2	75	0	81
	61216077	2117	636	71	-0.26	76	-0.04	78	7	70	19	69	2.51	65	4	68	5	67	1	75
909	37314031	2115	764	77	-0.22	81	-0.07	83	15	75	17	75	2.22	71	1	73	0	73	5	80
	61216067	2115	605	75	-0.34	78	-0.04	80	-1	74	18	74	2.20	72	4	72	1	72	9	78
	61219113	2115	368	72	0.10	76	-0.03	79	26	71	15	70	2.07	66	-1	68	1	68	-1	76
912	11116690	2114	898	79	-0.02	83	-0.06	85	30	78	21	77	2.10	74	-3	76	-3	76	-4	82

（续）

排名	牛号	GCPI	产奶量		乳脂率		乳蛋白率		乳脂量		乳蛋白量		体细胞评分		体型总分		泌乳系统评分		肢蹄评分	
			GEBV (kg)	r^2 (%)	GEBV (%)	r^2 (%)	GEBV (%)	r^2 (%)	GEBV (kg)	r^2 (%)	GEBV (kg)	r^2 (%)	GEBV	r^2 (%)	GEBV	r^2 (%)	GEBV	r^2 (%)	GEBV	r^2 (%)
	11121551	2114	751	71	-0.32	76	0.07	79	13	70	29	69	2.79	65	2	68	1	68	-3	76
	37114984	2114	529	72	-0.21	77	-0.06	80	2	71	10	70	1.54	66	5	68	3	68	5	76
915	11114632	2113	443	80	-0.12	84	-0.02	86	8	79	12	79	2.05	75	3	78	7	78	-1	84
	21215024	2113	405	78	0.24	82	0.07	84	29	77	19	76	2.12	73	-1	75	0	75	-8	81
917	11119515	2112	128	69	0.28	73	0.06	76	29	67	13	67	1.91	63	-2	65	-1	65	1	73
918	11119507	2109	274	66	0.12	71	0.01	74	24	65	13	64	1.93	60	0	62	-1	62	3	70
919	14115314	2108	21	76	0.14	80	0.16	83	17	75	19	74	1.80	71	2	73	-4	73	0	80
	37315033	2108	482	75	-0.10	79	-0.08	82	12	73	7	73	1.93	69	5	71	3	71	5	78
921	11114618	2107	507	76	-0.22	80	-0.01	82	7	75	13	74	1.75	71	5	74	-1	73	6	81
922	31115696	2106	435	74	0.17	78	-0.04	81	23	73	10	72	1.73	69	0	70	0	70	2	77
923	61216082	2105	148	76	-0.22	80	-0.11	83	-4	75	1	75	1.65	71	11	73	8	73	7	80
924	12118404	2104	159	75	0.33	79	0.07	82	32	73	16	73	2.35	69	-2	72	-1	72	-1	79
925	31115182	2102	-154	73	0.04	77	0.13	79	4	71	13	71	1.65	67	4	70	2	69	2	77
926	13214030	2101	46	78	-0.03	82	-0.06	84	7	77	3	76	1.58	72	5	75	7	74	1	82
927	11114606	2100	185	80	0.12	84	0.08	87	20	79	18	78	1.74	74	-1	77	-3	77	-1	84
928	11116668	2098	965	77	-0.41	81	-0.08	84	6	76	23	76	2.15	72	0	75	3	74	-5	81
929	12116380	2096	1053	76	-0.36	80	-0.23	83	5	75	10	75	1.79	71	4	73	7	73	-4	80
	37315016	2096	47	73	0.19	78	0.04	81	21	72	13	71	2.01	67	0	70	1	70	0	78
931	11114638	2095	-465	81	0.08	85	0.02	87	-1	80	-1	79	1.63	75	10	79	7	78	8	85
932	37314038	2094	514	77	-0.27	81	0.02	83	6	76	18	75	2.21	72	2	74	2	74	2	81
933	21214025	2093	478	73	-0.05	77	-0.01	80	19	72	20	71	1.47	67	-2	69	-3	69	-6	77
	21218042	2093	744	74	-0.18	78	-0.07	81	14	73	17	72	2.38	68	2	71	2	70	1	78

（续）

排名	牛号	GCPI	产奶量		乳脂率		乳蛋白率		乳脂量		乳蛋白量		体细胞评分		体型总分		泌乳系统评分		肢蹄评分	
			GEBV (kg)	r^2 (%)	GEBV (%)	r^2 (%)	GEBV (%)	r^2 (%)	GEBV (kg)	r^2 (%)	GEBV (kg)	r^2 (%)	GEBV	r^2 (%)	GEBV	r^2 (%)	GEBV	r^2 (%)	GEBV	r^2 (%)
935	11120524	2092	-287	73	0.42	77	0.16	80	23	72	9	71	2.48	68	3	70	2	69	4	77
936	11120536	2091	271	72	0.00	76	-0.05	79	16	70	10	70	2.04	66	2	69	2	69	3	76
937	21216017	2089	477	57	-0.08	63	-0.09	66	13	55	7	54	1.71	47	2	55	3	54	1	64
938	21217022	2088	-230	73	0.35	78	0.07	80	23	72	7	71	2.00	67	3	70	2	69	-1	77
939	21216045	2087	472	74	-0.04	79	-0.01	81	18	73	15	73	2.47	69	2	71	1	71	1	78
940	21214061	2086	96	76	0.03	80	0.01	83	18	75	14	75	2.24	71	2	73	0	73	1	80
	21214063	2086	98	76	0.03	80	0.01	83	19	75	14	75	2.24	71	2	73	0	73	1	80
942	21215009	2085	220	74	-0.05	79	0.07	81	7	73	17	72	1.87	68	1	71	-1	71	4	79
943	37314043	2084	646	76	-0.19	80	0.03	83	13	74	24	74	2.61	70	1	73	-2	73	2	81
944	12118409	2082	898	78	-0.09	82	-0.08	84	27	77	23	77	2.13	73	-4	75	-5	75	-3	81
	61220114	2082	981	71	-0.34	75	-0.09	78	12	69	22	69	2.31	65	0	67	-1	67	-2	75
946	13214057	2079	324	76	-0.06	80	0.02	83	14	75	15	75	2.24	71	2	73	1	73	0	80
	37314033	2079	433	80	-0.02	84	-0.16	86	23	79	6	79	1.85	76	1	78	2	78	-1	84
948	65118354	2077	919	76	-0.02	79	-0.09	82	29	74	23	74	2.10	70	-4	72	-5	72	-6	79
949	21214035	2076	-529	73	0.35	77	0.06	79	11	72	-1	71	1.31	67	4	70	2	69	6	77
	37315013	2076	382	79	-0.01	83	0.02	85	18	78	17	77	1.94	74	-2	76	-3	76	1	83
951	21216059	2073	286	73	0.04	77	0.03	80	17	71	16	71	2.54	67	2	69	0	69	3	77
952	14115312	2072	41	75	0.29	79	0.16	82	25	73	18	73	1.86	69	-2	71	-6	71	-2	79
	37315039	2072	428	77	-0.10	81	-0.12	84	10	75	7	75	2.28	71	5	71	5	71	3	79
954	12116384	2071	0	74	-0.03	78	-0.09	81	5	73	-2	72	1.80	69	7	70	8	70	5	78
955	37314004	2070	-524	75	0.33	79	0.07	82	18	74	0	73	1.33	69	3	71	-1	71	5	79
956	12116363	2069	116	74	-0.06	79	-0.17	81	7	73	-5	73	1.02	69	5	71	4	71	5	78

（续）

排名	牛号	GCPI	产奶量		乳脂率		乳蛋白率		乳脂量		乳蛋白量		体细胞评分		体型总分		泌乳系统评分		肢蹄评分	
			GEBV (kg)	r^2 (%)	GEBV (%)	r^2 (%)	GEBV (%)	r^2 (%)	GEBV (kg)	r^2 (%)	GEBV (kg)	r^2 (%)	GEBV	r^2 (%)	GEBV	r^2 (%)	GEBV	r^2 (%)	GEBV	r^2 (%)
957	61220118	2068	525	77	-0.22	79	0.05	81	10	76	23	76	2.57	74	-1	75	-1	75	2	79
958	12116362	2064	428	76	-0.08	80	-0.11	82	10	75	8	74	1.73	71	2	73	3	72	-1	80
959	11115623	2063	3	83	-0.05	87	0.08	89	2	82	13	82	1.58	78	1	81	0	80	3	87
	37314022	2063	485	73	-0.04	77	0.06	79	10	71	17	71	1.98	68	-2	70	-2	70	4	77
961	37114988	2059	515	73	-0.18	77	-0.11	80	9	71	9	71	2.45	67	6	69	5	68	1	76
962	11114670	2058	-324	79	0.21	83	0.14	86	10	78	10	77	1.80	73	1	76	1	75	3	83
963	61216074	2057	22	64	0.10	69	0.06	72	12	63	13	62	1.86	58	0	60	1	60	-3	68
964	12116365	2056	644	76	-0.31	80	0.00	83	2	75	21	75	1.85	71	-1	73	-2	73	1	80
965	11114615	2055	375	82	-0.23	85	-0.04	88	3	81	15	80	1.81	77	1	79	1	79	-1	85
	37315037	2055	395	71	-0.14	76	0.10	79	12	70	23	69	2.28	65	-2	67	-3	67	-1	75
967	21214024	2048	410	74	-0.02	78	-0.02	81	14	73	12	72	2.06	68	1	71	-1	71	1	78
	37314049	2048	170	81	0.12	84	-0.05	86	22	79	8	79	2.03	76	-1	78	0	78	0	84
	61218094	2048	571	63	-0.22	67	0.02	70	12	61	20	61	2.08	57	-2	59	-4	59	0	67
970	12114325	2047	-196	74	-0.07	78	-0.01	80	-2	72	0	72	1.75	68	8	70	6	70	3	77
	37114987	2047	-50	72	0.11	77	0.02	80	11	71	4	71	2.02	67	4	69	3	68	3	76
972	21217021	2045	441	72	-0.13	76	0.03	79	14	70	18	70	1.86	66	-2	68	-2	68	-6	76
973	37114982	2044	-204	74	0.07	78	-0.04	81	6	72	-3	72	1.45	68	5	70	4	70	4	78
974	11121505	2043	254	72	-0.07	76	-0.02	79	17	70	14	70	1.96	66	0	68	-3	68	-1	76
975	12116366	2041	-38	76	-0.15	80	0.15	82	-4	75	16	74	1.71	70	1	73	0	72	0	80
	21214022	2041	498	79	-0.14	82	-0.06	85	17	78	16	77	2.21	74	0	76	-2	76	-3	82
977	12114342	2040	5	72	0.03	77	0.01	80	9	71	8	71	1.72	67	-1	68	2	68	2	76
	37316029	2040	303	80	0.16	83	-0.13	86	28	79	4	78	1.91	75	0	78	-2	77	1	84

（续）

排名	牛号	GCPI	产奶量		乳脂率		乳蛋白率		乳脂量		乳蛋白量		体细胞评分		体型总分		泌乳系统评分		肢蹄评分	
			GEBV (kg)	r^2 (%)	GEBV (%)	r^2 (%)	GEBV (%)	r^2 (%)	GEBV (kg)	r^2 (%)	GEBV (kg)	r^2 (%)	GEBV	r^2 (%)	GEBV	r^2 (%)	GEBV	r^2 (%)	GEBV	r^2 (%)
979	11117686	2039	502	74	-0.07	78	-0.03	81	15	73	18	72	1.84	69	-3	71	-1	71	-8	78
	21214047	2039	48	76	0.02	80	-0.03	83	14	75	8	75	2.24	71	3	73	1	73	1	80
981	11120533	2035	-28	73	0.26	77	0.07	80	22	72	12	71	2.62	67	-1	70	-1	69	3	77
	12115350	2035	-51	72	0.09	76	0.03	79	10	70	5	70	2.03	66	2	68	2	68	4	75
983	13214097	2034	-1	76	0.04	80	0.10	83	9	75	12	74	1.52	71	0	73	-2	73	-2	80
	21215020	2034	380	76	0.08	80	0.06	82	19	75	16	75	2.52	73	-1	74	1	73	-4	79
	21216069	2034	1229	72	-0.46	76	-0.32	79	11	71	9	70	2.57	66	4	69	2	68	3	76
986	31115699	2032	-263	73	0.09	77	0.05	80	7	72	3	72	1.51	68	3	71	3	70	-1	77
987	37314053	2031	897	76	-0.42	80	-0.13	82	6	74	17	74	2.13	70	-2	73	0	72	1	80
	37315026	2031	639	76	-0.37	80	0.01	83	5	74	22	74	2.42	69	-1	71	-2	71	0	79
989	21214040	2030	28	73	-0.05	78	0.03	80	4	72	7	72	1.97	68	3	70	3	69	1	77
990	11119689	2027	155	66	0.11	70	0.05	73	19	64	14	64	1.81	59	-4	61	-4	61	-1	70
	21214032	2027	597	74	-0.33	78	-0.10	81	4	73	11	73	2.12	69	3	71	0	71	4	78
992	12114328	2026	206	77	-0.15	81	0.09	84	4	76	17	76	1.62	72	-3	74	-3	74	-1	81
993	37316009	2025	602	78	0.02	82	-0.07	84	26	77	16	76	2.38	72	-2	76	-3	75	-6	82
994	14115728	2024	181	76	-0.02	80	-0.02	82	16	75	13	74	2.06	71	-1	73	-2	72	-1	79
995	37316011	2023	487	79	-0.10	82	-0.13	85	17	78	9	77	2.07	74	0	77	-1	76	0	83
996	12116357	2022	849	76	-0.33	80	-0.23	83	2	75	6	74	1.56	71	2	73	4	73	-2	80
	61218096	2022	499	65	-0.20	68	-0.04	71	11	64	17	63	2.06	60	-3	62	-2	61	-3	68
998	31114681	2019	28	79	0.17	84	0.06	86	19	78	9	77	2.39	73	1	72	-1	72	2	80
999	37314006	2016	553	71	-0.22	76	-0.12	79	5	70	10	69	1.88	65	2	67	1	67	-2	75
1000	14114060	2014	-131	78	0.00	82	0.01	84	6	77	4	76	1.77	73	2	75	2	75	2	81

（续）

排名	牛号	GCPI	产奶量		乳脂率		乳蛋白率		乳脂量		乳蛋白量		体细胞评分		体型总分		泌乳系统评分		肢蹄评分	
			GEBV (kg)	r^2 (%)	GEBV (%)	r^2 (%)	GEBV (%)	r^2 (%)	GEBV (kg)	r^2 (%)	GEBV (kg)	r^2 (%)	GEBV	r^2 (%)	GEBV	r^2 (%)	GEBV	r^2 (%)	GEBV	r^2 (%)
	21216027	2014	92	74	-0.04	78	-0.02	80	10	72	9	72	2.09	68	1	71	2	70	-2	78
	37316021	2014	310	79	0.25	83	0.00	85	31	78	15	78	2.38	74	-3	77	-3	76	-8	83
1003	21214056	2012	-153	76	0.04	80	0.01	83	10	75	5	75	2.22	71	4	73	1	73	2	80
1004	11114607	2011	-163	84	0.02	88	0.02	90	9	83	9	82	1.55	78	-1	83	-3	83	1	89
1005	12117386	2010	162	80	0.11	83	0.03	85	20	78	12	78	2.50	75	1	77	-4	77	2	83
1006	21214069	2009	81	70	0.06	75	0.05	78	13	69	13	68	2.30	64	-1	66	-1	66	0	74
1007	31114690	1999	-215	82	0.06	86	-0.13	88	3	81	-9	81	1.67	77	4	79	10	79	0	85
1008	12114331	1993	234	77	-0.34	81	0.02	83	-6	75	14	75	1.64	71	-1	73	0	73	0	80
1009	12115349	1990	110	70	-0.22	75	0.01	77	-7	69	10	68	2.02	64	2	66	4	66	-1	74
1010	31115411	1988	-44	60	-0.07	63	-0.09	66	5	58	2	58	1.42	54	2	57	1	57	-1	63
1011	11116689	1980	307	85	0.10	88	-0.07	90	22	84	9	83	2.19	80	-1	83	-1	83	-7	89
1012	37316004	1975	102	75	0.08	79	-0.01	82	11	73	6	73	1.73	69	-2	70	-3	70	2	78
1013	21216002	1974	16	73	0.08	77	0.06	80	9	71	9	71	1.42	67	-5	68	-2	68	-4	76
1014	11120528	1966	136	73	-0.05	77	-0.01	80	9	71	9	71	2.31	67	-1	69	-2	69	2	76
1015	14114057	1963	-465	80	0.30	84	0.04	86	17	79	0	79	2.04	76	-1	78	2	77	-1	84
	21216012	1963	901	78	-0.37	82	-0.11	84	11	77	19	77	2.48	73	-4	76	-2	76	-5	82
1017	37114986	1955	-402	72	0.06	77	-0.05	79	-1	71	-4	70	1.87	66	6	68	3	68	4	76
	61218097	1955	492	72	-0.29	76	-0.03	79	5	71	18	70	1.86	67	-5	69	-4	69	-6	76
1019	21215012	1953	-194	73	0.01	77	0.00	80	2	72	0	71	1.85	67	1	70	2	69	2	77
1020	12114347	1940	-136	70	-0.12	74	-0.02	77	-4	68	0	68	2.13	64	5	66	5	65	-1	73
1021	51114306	1933	-388	73	0.18	77	-0.02	80	7	71	-7	71	1.88	67	1	69	0	68	8	76
	64114042*																			

（续）

排名	牛号	GCPI	产奶量		乳脂率		乳蛋白率		乳脂量		乳蛋白量		体细胞评分		体型总分		泌乳系统评分		肢蹄评分	
			GEBV (kg)	r^2 (%)	GEBV (%)	r^2 (%)	GEBV (%)	r^2 (%)	GEBV (kg)	r^2 (%)	GEBV (kg)	r^2 (%)	GEBV	r^2 (%)	GEBV	r^2 (%)	GEBV	r^2 (%)	GEBV	r^2 (%)
1022	11120519	1929	278	71	-0.17	75	-0.13	78	7	69	3	69	1.86	65	1	67	-4	66	2	74
	37114989	1929	415	72	-0.52	77	-0.16	80	-16	71	2	70	1.93	67	5	69	4	68	2	76
1024	21215021	1926	531	68	-0.27	72	-0.08	76	6	66	12	65	2.32	61	-4	63	-2	62	-2	71
1025	13214033	1914	779	77	-0.40	81	-0.07	83	-3	76	15	75	2.20	72	-1	74	-3	74	-4	81
1026	21214011	1913	86	74	-0.26	78	-0.12	81	-3	72	-2	72	2.11	68	4	70	3	69	1	77
	31119465	1913	-358	80	0.16	84	0.03	86	4	79	-1	79	1.40	76	0	78	-1	77	-4	83
1028	21215017	1910	175	78	-0.11	81	0.08	83	6	77	17	76	2.68	73	-4	75	-3	75	-2	81
	61216070	1910	-253	72	-0.02	76	0.02	78	-2	70	6	70	2.05	66	-1	68	1	68	-3	75
1030	11114663	1902	34	72	-0.21	77	0.04	79	-10	71	10	70	2.16	67	-1	68	1	68	-1	76
1031	13214044	1892	-828	73	-0.02	78	0.06	81	-16	72	-12	72	1.55	68	8	70	4	70	7	78
	21215019	1892	755	64	-0.34	69	-0.12	72	4	62	12	62	2.55	57	-3	59	-3	58	-2	68
1033	11114608	1878	291	72	-0.18	77	-0.12	80	3	70	6	69	1.95	65	-4	68	-1	68	-6	77
1034	13214124	1877	-670	77	0.36	81	0.12	83	10	75	0	75	1.71	71	-4	73	-3	73	-3	80
1035	21215016	1876	-118	71	-0.21	76	-0.12	78	-4	70	-5	69	1.90	65	2	67	2	67	0	75
1036	13214042	1869	827	78	-0.37	82	-0.06	84	-2	77	17	77	2.31	73	-5	76	-4	75	-7	82
1037	11120531	1864	-734	73	0.15	77	0.14	80	-2	71	1	71	2.17	67	1	68	-1	68	0	76
	61216072	1864	-389	73	0.03	77	-0.04	79	2	71	-2	71	1.47	67	-4	69	-3	69	-2	76
1039	21215022	1863	-32	75	-0.02	78	-0.08	81	7	74	1	74	2.37	71	-1	71	-4	71	3	77
1040	11120529	1854	398	73	-0.35	78	0.02	80	0	72	16	71	2.89	68	-3	70	-2	69	-6	77
1041	21215018	1851	-198	74	-0.21	78	0.06	80	-8	73	7	73	2.27	69	-3	71	0	71	-3	77
1042	21216016	1841	-639	67	-0.04	72	-0.02	75	-6	65	-4	65	1.53	61	-2	63	-1	62	0	71
1043	37314035	1832	417	75	-0.28	79	-0.24	82	-5	73	-2	73	1.75	69	0	71	1	70	-6	78

（续）

排名	牛号	GCPI	产奶量		乳脂率		乳蛋白率		乳脂量		乳蛋白量		体细胞评分		体型总分		泌乳系统评分		肢蹄评分	
			GEBV (kg)	r^2 (%)	GEBV (%)	r^2 (%)	GEBV (%)	r^2 (%)	GEBV (kg)	r^2 (%)	GEBV (kg)	r^2 (%)	GEBV	r^2 (%)	GEBV	r^2 (%)	GEBV	r^2 (%)	GEBV	r^2 (%)
1044	12116367	1831	-128	70	-0.26	75	-0.07	78	-14	69	-2	68	2.31	64	4	66	1	65	2	74
1045	65117348	1830	-43	65	-0.28	70	0.01	73	-14	64	4	63	1.95	59	-2	61	0	61	-4	69
1046	37314029	1827	-438	69	0.13	74	0.05	77	4	68	0	67	1.78	63	-5	65	-3	65	-4	73
1047	12115354	1824	-58	73	-0.09	77	-0.05	80	4	72	4	71	2.05	68	-5	69	-5	69	-4	77
1048	11115652	1794	435	83	-0.42	87	-0.11	89	-9	81	6	81	2.91	76	0	78	-1	78	-2	85
1049	21215013	1792	123	69	-0.12	73	-0.05	76	8	67	8	67	2.36	63	-8	65	-6	64	-6	72
1050	12114339	1786	178	67	-0.12	71	-0.05	74	5	65	7	65	2.63	61	-7	62	-8	62	1	70
1051	13214101	1762	-584	73	0.10	77	0.13	80	0	71	3	71	1.74	67	-7	69	-9	69	-4	77
1052	61216076	1761	-433	74	-0.33	78	0.01	80	-21	73	-2	73	2.96	71	3	71	0	71	7	78
1053	12115352	1759	-359	71	-0.10	76	0.03	79	-6	70	0	69	2.05	65	-3	68	-1	67	-11	75
1054	61218101	1742	-360	74	-0.01	78	0.07	80	0	73	3	73	2.44	70	-8	72	-7	72	0	78
1055	12114346	1741	-388	70	-0.03	75	-0.08	78	-1	69	-7	68	2.39	64	-1	66	-4	66	0	74
1056	12114337	1738	-512	71	-0.01	75	-0.03	78	-6	70	-9	69	1.87	66	-3	66	-3	66	-1	74

注：* 表示种公牛的曾用牛号。

3

娟姗牛
体型评定结果

表 3－1 按照外貌等级排序，外貌等级相同的种公牛按照牛号排序。

表 3－1 娟姗牛体型评定结果

序号	牛号	出生日期	外貌等级	评分
1	11114001	2014－01－01	特级	86
2	11114666	2014－11－14	特级	85
3	11114667	2014－11－20	特级	85
4	11118001	2018－07－13	特级	88
5	11118003	2018－07－29	特级	86
6	11119006	2019－05－01	特级	90
7	11119007	2019－05－01	特级	93
8	11119008	2019－12－01	特级	90
9	21214010	2014－04－20	特级	85
10	21214012	2014－04－22	特级	89
11	21214015	2014－04－28	特级	87
12	21216014	2016－04－05	特级	88
13	21218023	2018－06－19	特级	96
14	21218050	2018－10－18	特级	96
15	21219014	2019－09－16	特级	96
16	21219024	2019－10－11	特级	91
17	21220018	2020－08－07	特级	91
18	21220019	2020－08－07	特级	90
19	41121002	2021－07－18	特级	92
20	41121004	2021－07－19	特级	92
21	41121006	2021－08－12	特级	91
22	41121008	2021－08－14	特级	92
23	41121010	2021－08－15	特级	93
24	42110020	2010－08－25	特级	86
25	42110023	2010－09－16	特级	88
26	42110024	2010－09－22	特级	86

(续)

序号	牛号	出生日期	外貌等级	评分
27	42110027	2010-10-08	特级	87.7
28	42110037	2010-10-31	特级	85
29	51117869	2017-03-12	特级	93
30	51119873	2019-09-23	特级	93
31	65118751	2018-02-20	特级	90
32	65118752	2018-03-10	特级	88
33	65118753	2018-03-12	特级	90
34	65118755	2018-03-18	特级	89
35	65118758	2018-08-11	特级	91
36	65118760	2018-08-10	特级	90
37	11103450	2003-01-29	一级	83
38	11103458	2003-02-11	一级	83
39	11103467	2003-02-22	一级	84
40	11118002	2018-07-21	一级	84
41	11118005	2018-08-06	一级	84
42	21218024	2018-06-19	一级	84

4

种公牛站代码信息

《概要》中，“牛号”的前三位为其所在种公牛站代码。根据表4－1可查询到任一头种公牛所在种公牛站的联系方式。

表4－1　种公牛站代码信息

种公牛站代码	单位名称	联系人	手机	固定电话
111	北京首农畜牧发展有限公司奶牛中心	王振刚	13911216458	010－62948056
121	天津天食牛种业有限公司	汪　湛	13820021829	022－86842120
131	河北品元生物科技有限公司	宋首宏	18233101525	—
132	秦皇岛农瑞秦牛畜牧有限公司	周云松	13463399189	0335－3167622
133	亚达艾格威（唐山）畜牧有限公司	郭金库	13021561286	—
141	山西省畜禽育种有限公司	杨　琳	18735375417	—
155	内蒙古赛科星家畜种业与繁育生物技术研究院有限公司	丁　瑞	15391181121	—
156	内蒙古中农兴安种牛科技有限公司	张　强	15764359111	—
212	大连金弘基种畜有限公司	成自强	15998552613	0411－87279067
311	上海奶牛育种中心有限公司	杨志强	13816568486	—
371	山东省种公牛站有限责任公司	刘园峰	13954176772	—
373	山东奥克斯畜牧种业有限公司	王玲玲	18678659776	—
411	河南省鼎元种牛育种有限公司	高留涛	19838027293	0371－60210130
421	武汉兴牧生物科技有限公司	杨　铭	13971553020	0728－8201966
511	成都汇丰动物育种有限公司	王丽娟	15828337924	—
531	云南省种畜繁育推广中心	毛翔光	13888233030	0871－67393362
532	大理白族自治州家畜繁育指导站	李家友	13618806491	0872－2125332
612	西安市奶牛育种中心	卫利选	15009208406	029－82764399
642	宁夏种牛生物科技有限公司	张海涛	13671046756	—
651	新疆天山畜牧生物育种有限公司	谭世新	13999365500	0994－6566611

5 遗传评估结果分析

纵观国内外奶牛育种技术发展的经验，不断提高育种数据质量和规模、改进种牛育种值计算方法、提高育种值估计准确性和完善中国奶牛性能指数，是自主培育高可靠性、高遗传水平种公牛的必要技术措施。本次评估严格把关奶牛育种数据质量，为提高常规育种值估计和基因组选择的准确性奠定基础。

5.1 基础数据情况

此次评估的中国荷斯坦牛育种数据包括五部分：一是中国奶业协会收集的来自全国40个DHI实验室的217.4万头中国荷斯坦牛生产性能测定数据2133.4万余条，分布在3216个奶牛场；二是中国奶牛体型鉴定员上报的37.0万余头一胎中国荷斯坦牛体型鉴定数据，分布于1416个奶牛场；三是中国荷斯坦牛基因组参考群体的19410头基因组芯片数据；四是种公牛站提供的牛只系谱信息和待评估种公牛基因组芯片数据；五是来自加拿大奶业数据网（CDN）的荷斯坦牛同期估计育种值。

5.2 评估情况

此次常规遗传评估后裔验证种公牛1016头，其中297头符合公布条件；基因组检测遗传评估共计评估公牛4695头，其中1056头符合公布条件。

5.2.1 后裔验证公牛

此次发布的后裔验证公牛CPI指数（中国奶牛性能指数）平均值为1947±285，产奶量估计育种值为（238±495）kg（表5－1），后裔验证公牛的遗传评估结果百分位点详见表5－2。我国种公牛后裔验证时间最短的约为6年，多数公牛在出生后8年获得一定数量的后裔成绩（图5－1）；从后裔验证数量分布情况看，北京奶牛中心的总体数量达到143头，山东奥克斯为50头，上海育种中心和天津天食牛两家公牛站的数量在30头以上，详见图5－2。

表5－1 本次发布后裔验证种公牛各性状及CPI估计值的平均值及标准差

项目	CPI	产奶量(kg)	乳脂率(%)	乳蛋白率(%)	乳脂量(kg)	乳蛋白量(kg)	体细胞评分	体型总分	泌乳系统评分	肢蹄评分
平均数	1947	238	-0.02	-0.02	7	6	2.99	3	3	4
标准差	285	495	0.12	0.06	21	17	0.05	8	7	9

表5－2 本次发布后裔验证种公牛各性状及CPI估计值的百分位数

分位点	CPI	产奶量(kg)	乳脂率(%)	乳蛋白率(%)	乳脂量(kg)	乳蛋白量(kg)	体细胞评分	体型总分	泌乳系统评分	肢蹄评分
10%	2290	888	0.13	0.05	32	26	2.91	13	11	14
20%	2144	633	0.08	0.03	22	20	2.95	7	8	9
30%	2069	482	0.04	0.01	16	14	2.97	5	5	6
40%	1980	361	0.02	0.00	10	9	2.98	3	4	4

（续）

分位点	*CPI*	产奶量（kg）	乳脂率（%）	乳蛋白率（%）	乳脂量（kg）	乳蛋白量（kg）	体细胞评分	体型总分	泌乳系统评分	肢蹄评分
50%	1926	191	-0.01	-0.01	6	6	2.99	2	2	2
60%	1843	76	-0.04	-0.03	2	2	3.01	1	0	1
70%	1787	-28	-0.07	-0.04	-4	-2	3.02	-1	-2	-1
80%	1721	-188	-0.10	-0.06	-11	-7	3.04	-3	-3	-3
90%	1639	-345	-0.17	-0.08	-15	-15	3.06	-5	-6	-5

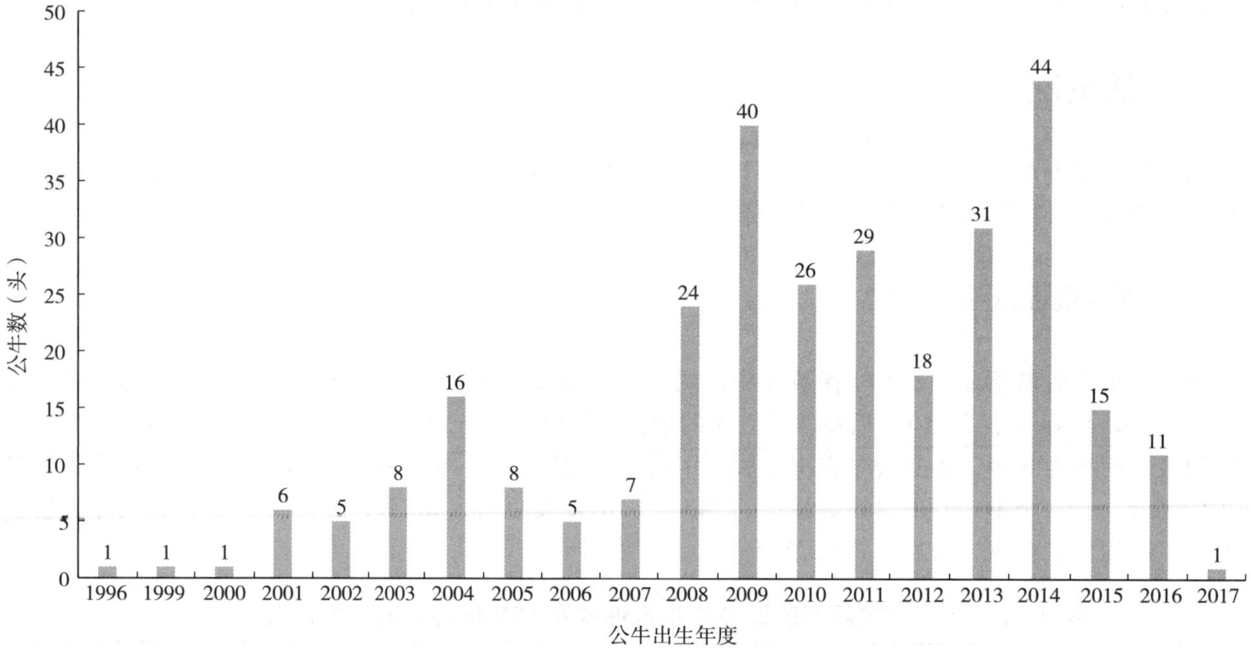

图5-1　本次发布后裔验证种公牛出生年度分布

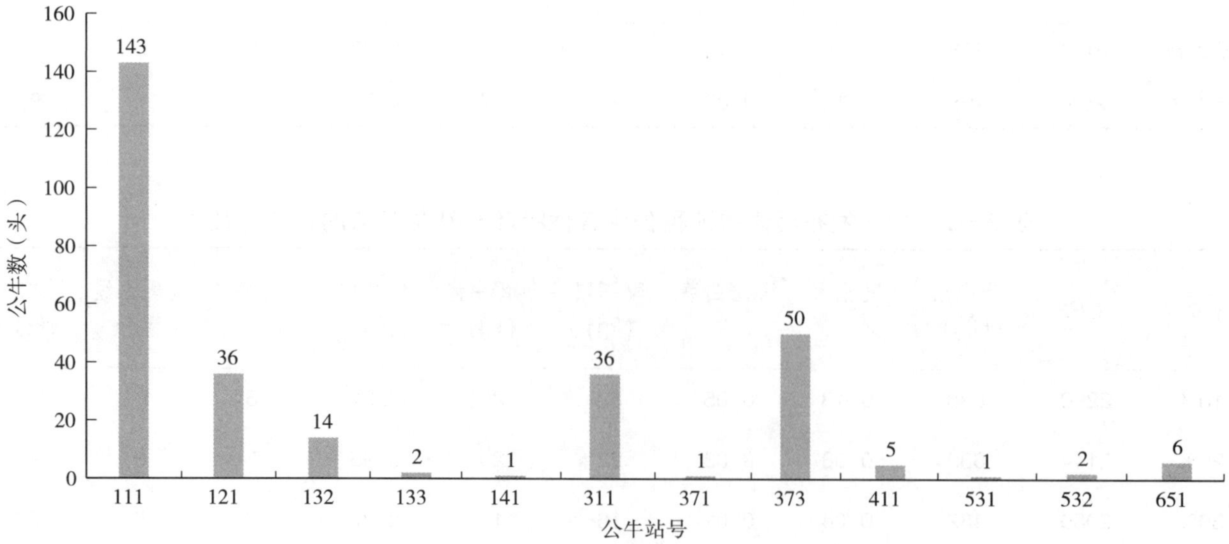

图5-2　本次发布后裔验证种公牛所属公牛站分布

5.2.2 基因组预测青年公牛

此次发布的基因组预测青年公牛 GCPI 指数（中国奶牛基因组选择性能指数）平均值为 2353 ±200，产奶量估计育种值为 866 ±529kg（表 5 -3），青年公牛的遗传评估结果百分位点详见表 5 -4。我国奶牛基因组选择参考群体不断扩大，2023 年达到 19410 头，各性状基因组评估准确性不断提高，与 2019 年（参考群规模 8509 头）相比，各性状准确性提升幅度达到 11%~17%。从公布的青年公牛累计数量上看，山东奥克斯和北京奶牛中心两家公牛站的数量均超过 100 头，本次基因组预测公布青年公牛出生年度分布与所属公牛站分布详见图 5 -3、图 5 -4。

表 5 -3　本次发布的基因组预测青年公牛各性状及 GCPI 估计值的平均值及标准差

项目	GCPI	产奶量（kg）	乳脂率（%）	乳蛋白率（%）	乳脂量（kg）	乳蛋白量（kg）	体细胞评分	体型总分	泌乳系统评分	肢蹄评分
平均数	2353	866	0.12	0.06	38	30	2.00	3	2	0
标准差	200	529	0.25	0.10	20	13	0.32	3	3	3

表 5 -4　本次发布的基因组预测青年公牛各性状及 GCPI 估计值的百分位数

分位点	GCPI	产奶量（kg）	乳脂率（%）	乳蛋白率（%）	乳脂量（kg）	乳蛋白量（kg）	体细胞评分	体型总分	泌乳系统评分	肢蹄评分
10%	2595	1546	0.45	0.18	64	46	1.60	7	6	5
20%	2525	1354	0.34	0.14	56	42	1.73	5	5	3
30%	2475	1160	0.26	0.11	51	38	1.83	4	4	2
40%	2431	1033	0.20	0.08	44	36	1.91	3	3	1
50%	2383	901	0.12	0.06	39	32	1.99	3	2	1
60%	2337	760	0.06	0.03	34	28	2.06	2	2	-1
70%	2279	633	-0.01	0.01	28	25	2.15	1	1	-1
80%	2197	477	-0.08	-0.02	21	20	2.26	1	0	-2
90%	2101	226	-0.21	-0.07	13	15	2.38	-1	-1	-4

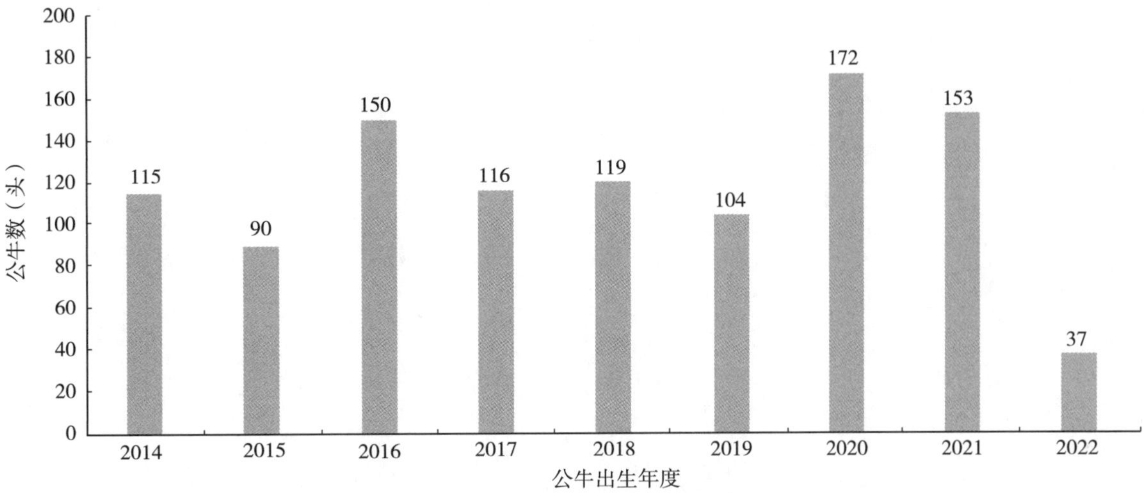

图 5 -3　本次基因组预测公布青年公牛出生年度分布

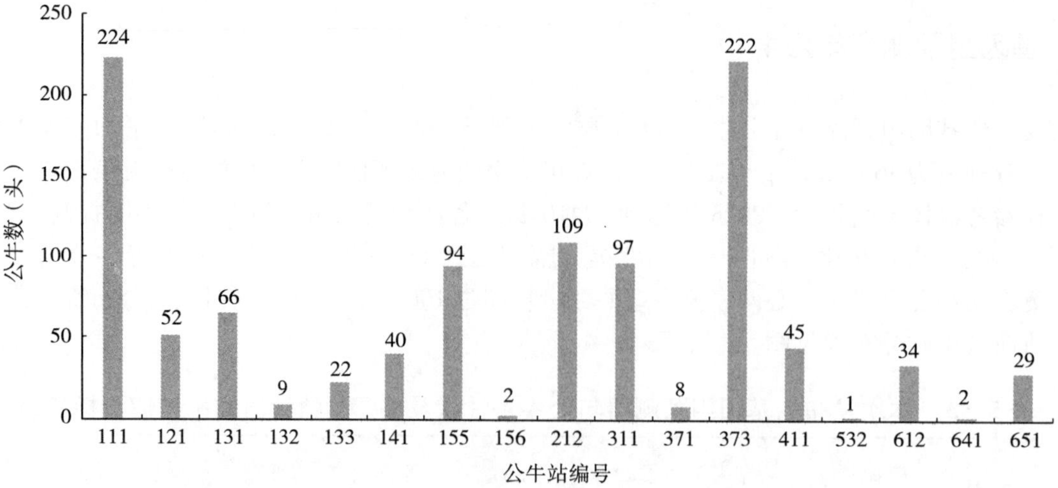

图 5－4　本次基因组预测公布青年公牛所属公牛站分布

图书在版编目（CIP）数据

2023 中国乳用种公牛遗传评估概要 / 农业农村部种业管理司，全国畜牧总站编. —北京：中国农业出版社，2023. 11

ISBN 978-7-109-31276-0

Ⅰ. ①2… Ⅱ. ①农… ②全… Ⅲ. ①乳牛 - 种公牛 - 遗传育种 - 评估 - 中国 - 2023 Ⅳ. ①S823. 02

中国国家版本馆 CIP 数据核字（2023）第 202652 号

2023 中国乳用种公牛遗传评估概要
2023 ZHONGGUO RUYONG ZHONGGONGNIU YICHUAN PINGGU GAIYAO

中国农业出版社出版
地址：北京市朝阳区麦子店街 18 号楼
邮编：100125
责任编辑：司雪飞
版式设计：王 晨 责任校对：吴丽婷
印刷：北京通州皇家印刷厂
版次：2023 年 11 月第 1 版
印次：2023 年 11 月北京第 1 次印刷
发行：新华书店北京发行所
开本：880mm × 1230mm 1/16
印张：7. 75
字数：250 千字
定价：45. 00 元
